PETER LOEFFLER

SCHWEIZER THEATERPLAKATE

SWISS THEATRE POSTERS

1900-1925

BIRKHÄUSER

**Library of Congress
Cataloging-in-Publication Data
Loeffler, Peter:**
Schweizer Theaterplakate 1900–1925 =
Swiss theatre posters 1900–1925.
Bibliography: p.
1. Theatrical posters, Swiss-History. I. Title.
II. Title: Swiss theatre posters, 1900–1925.
PN2099.S9L64 1988
741.67'4'09494 88–2903
ISBN 0-8176-1964-X

**CIP-Kurztitelaufnahme
der Deutschen Bibliothek
Loeffler, Peter:**
Schweizer Theaterplakate 1900–1925 = Swiss theatre posters 1900–1925 / Peter Loeffler. – Basel ; Boston ; Berlin : Birkhäuser, 1988
ISBN 3-7643-1964-X
NE: Schweizer Theaterplakate neunzehnhundert bis neunzehnhundertfünfundzwanzig

Gestaltung: Albert Gomm swb/asg, Basel
Printed in Germany
ISBN 3-7643-1964-X
ISBN 0-8176-1964-X

Für
Marie-Louise Duss

Inhaltsverzeichnis
Table of Contents

Schweizer Theaterplakate 1900–1925

Ein Hintergrund

Ein Beginn in Rom

Die Geschichte des Theaterplakats reicht weit zurück: die frühesten Beispiele sind uns aus der Zeit des Klassischen Rom bezeugt. Schon während der jungen Republik wiesen handbemalte Papyrusbögen auf die Schaustellungen in den sieben Theatern der Metropole hin. Um die breite Masse der Leseunkundigen anzusprechen, vertrauten diese etwa mannshohen Werbemittel ganz auf den bildnerischen Ausdruck. Die Kernszene des dargestellten Werkes war dabei im Bild gefangen, während unten rechts die bildhafte Darstellung des Theaters den Aufführungsort bezeichnete. Mit Reispaste wurden diese Plakate an den Theatern selber und an eigens hierfür aufgestellten Säulen auf Marktplätzen, an Handelshäusern und Sporthallen angebracht. Gegen ein genau festgesetztes und abgestuftes Entgelt konnten diese Säulen für Tages-, Wochen- oder Monatsdauer gemietet werden. Die uns überlieferten Rechnungsbücher der städtischen Behörden bezeugen die sehr weite Verbreitung dieser Anschlagsäulen: das Stadtbild des frühen Rom war somit vom Theaterplakat sichtbar mitgeprägt.
Doch dies war nur der Anfang. Je unbändiger sich das römische Theater entfaltete, desto reicher blühte auch die Plakatkunst. In der Zeit des Imperiums erwuchs eine eigentliche Industrie der Theaterwerbung, wobei sich ein halbes Dutzend von Agenturen gegenseitig durch immer neue Einfälle zu übertrumpfen suchte. Mit immer stärkeren und gröberen Reizen lockte man die Zuschauer an; in den leuchtenden Farben der toskanischen Ölkreide prangten nun haushohe Plakate von den Wänden großräumiger Gebäude. Vor diesen Wänden waren Soldaten postiert, um die Übermalung oder Zerstörung dieser Plakate durch die Konkurrenz abzuwehren.

Toskanische Kreide

Wie das Theater selbst, so war auch das Theaterplakat in der Spätzeit Roms ins Riesenhafte gewuchert. Nun wurden haushohe Papyrusrollen mit Palmfäden zusammengenäht, auf dünne Holzrahmen gespannt, und prozessionsähnlich, unter dem Klang von Fanfarenstößen, durch die Stadt getragen. Theaterplakate wurden auf Banner gemalt, die dann hundertfach die Alleen zum Forum hin beidseitig säumten; oder man verließ sich auf breite Tuchbahnen, die aufdringlich und allen sichtbar über rege Geschäftsstraßen gespannt wurden. Kein Kniff blieb ungenutzt, kein Mittel unerschöpft. Das Theaterplakat als schlagkräftiges Werbemittel erlebte hier eine frühe, bunte Blüte. Erst als das Imperium aus den Fugen brach, kam diese so lebendige bildnerische Tradition zu einem jähen Ende.

Welt der Gaukler

Ein Jahrtausend später erlebte das Theaterplakat unter ganz anderen Voraussetzungen eine erneute Blüte, und zum ersten Mal läßt sich dabei für das Gebiet der Schweiz eine reiche graphische Tradition belegen. Anders als im Rom der Antike war dies kein Theater der Metropole, kein Theater für verwöhnte, verweichlichte Städter, kein Theater in prächtigen Steinbauten. Vielmehr war hier der ungebrochene, volksnahe Mimos die treibende Kraft: man spielte auf grob gezimmerten Schaubuden, in Tavernen, auf dem Markt. Wie Schwärmer zogen die Gaukler übers Land, spielten in Dörfern, Weilern, vor einzelnen Bauernhöfen. In einer schnellen, bunten Abfolge wirksamer Nummern ergötzten sie ihre neugierige Kundschaft; mit Feuerspeiern, Seilläufern, tanzenden Bären, Zotenreißern und Jongleuren schufen sie ein athletisches Theater, das kraftvoll und unbekümmert trennende Grenzen durchbrach: jung und alt, Mann und Frau, Knecht, Prälat, Ratsherr und Handwerker wurden hier spielend und spielerisch verführt. Es war ein volles Theater, ein Volkstheater, in dem Zoo und Zirkus, Lustiges und Derbes, die Zuschauer immer neu verblüffte.

Quarto

Da die Konkurrenz unter den fahrenden Truppen unbarmherzig war, kam der Werbung eine wichtige Rolle zu. Handzettel und Kleinplakate, meist in Quartgröße, sind uns aus dem späten 15. und dann besonders aus dem 16. Jahrhundert in reicher Zahl überliefert. Die Gaukler bedienten sich dabei meist des billigen Holzdrucks; grobe, selbstgeschnitzte Platten dienten als Vorlage; diese waren auf dickem Papier beliebig abziehbar, das dann in satten Farben noch übermalt werden konnte. Reißerisch, ganz auf die sinnliche Wirkung erpicht, bildeten diese Werbezettel Höhepunkte der jeweiligen Schaustellung ab: der Handstand auf dem galoppierenden Pferd; die akrobatisch gebaute Pyramide aller Spieler; der saltierende Clown, sechs Weinflaschen jonglierend: kunstlos, aber wirksam wurde hier geworben und verführt. Auch wenn die Gaukler biblisches Spielgut aufnahmen, verließen sie sich bei der Werbung auf die Kraft der bildlichen Aussage: der flammende Rachen der

Hölle, die Tierfahrt des alten Noah oder der weißbärtige Gottvater auf dem Goldenen Thron: immer wieder lockten diese einfachen Holzschnitte die Schar zum Spiel.

Mit Eisenstift und Hammer wurden diese Plakate an Wirtshäusern, Zunftläden und Marktbuden angeschlagen. Um die Werbekraft des Plakats zu erhöhen, postierte sich der Clown der Truppe am Tag der Aufführung davor, um mit aufmunternden Sprüchen und einem Tänzlein zum Kartenkauf anzuregen. Kraft und Reichtum des Schweizer Theaters im Zeitalter der Reformationswirren sind in diesen Plakaten sinnkräftig gespiegelt. Eine Schweizer Theatergeschichte des 16. Jahrhunderts läßt sich jedenfalls ohne ein Studium dieser graphischen Werbemittel nicht schreiben.

Der Tanz des Clowns

Jedes Theater schafft sich sein Theaterplakat. Als zweihundert Jahre nach dem bunten Treiben der Gaukler die Gebote der Aufklärung jeden Lebensbereich durchformten, blieben auch das Theater und seine Werbung davon nicht unberührt. Weit entfernt vom rauhen Zauber der fahrenden Spieler galten hier im Geiste der Aufklärung Leitworte wie Zucht und Maß, Regel und Anstand als bindendes Ideal. Das Schweizer Theater der Aufklärung hat in allen Bereichen diesem Ideal entsprochen. Dramatik, Spielkunst und Szenenbild eiferten dem Gebot von Klarheit und Ordnung nach. Für das überbordende, anarchische Spiel des Volksbarock hatte man nur noch Herablassung, ja Hohn übrig. Der strengen Gesetzlichkeit einer eng gefaßten neo-klassischen Doktrin hatte sich alles zu beugen.

Vom Bild zum Wort

Diese Umwertung ästhetischer Ideale führte das Theaterplakat innert kurzer Zeit vom Bild zum Wort, von der sinnlichen Erfahrung zu Idee und Gedanke. Anstatt durch Form und Farbe zu glänzen, sollte nun der Buchstabe erbauen, belehren. In der Beschränkung auf das Schwarz-Weiß der Typographie konnte zudem die Didaktik des 18. Jahrhunderts in die Plakatkunst Eingang finden. Sentenzartig verknappt wurde die Moral des aufgeführten Stückes hier angepriesen: das Theater war so als Schule, als moralische Anstalt legitimiert. Dem Schweizer Theaterplakat des 18. Jahrhunderts wurde dabei die gleiche bedächtige, oft schulmeisterliche Sorge zuteil wie der Aufführung auf der Bühne selber. Von Setzern sorgfältig geplant, von Druckern ebenso sorgfältig verarbeitet, entstanden hier jene ersten Schweizer Theaterplakate, die trotz ihres spröden, rationalen Grundzuges dem Rang eines Kunstwerkes näherkamen.

Ein Neubeginn

Kaum ein Zeitraum erwies sich für das Schweizer Theater und so auch für das Schweizer Theaterplakat anregender als das 19. Jahrhundert. In einer vorher nie gekannten Regsamkeit gerieten alle Bereiche des Bühnenlebens in Gärung, in Bewegung. Das kann nicht erstaunen, war dies doch der Zeitraum, in dem die Schweiz als politische und ökonomische Einheit ganz entscheidende Umwälzungen durchlief.

Sichtbarster Ausdruck dieser Dynamik im Theaterleben war der Bau neuer Spielstätten. Mit Blick auf die neuen Bühnen der Nachbarländer wurden nun im engeren, kleineren Raum der Schweiz Theater gebaut, die von der technischen Ausrüstung her den großen Bühnen des Auslandes kaum nachstanden. Nicht kampflos, im Ende aber großzügig, gewährten Gemeinde- und Stadträte diesen neuen Theatern willige Unterstützung. Für die größeren Städte floß die Subvention so reichlich, daß mit dem Aufbau festverpflichteter Ensembles begonnen werden konnte. Vereine wurden gegründet, die sich der Förderung des Nachwuchses annahmen; Fachzeitschriften zur Dramatik kamen in Umlauf und erreichten bald erstaunliche Auflagen; Drama und Theater wurden als Teil der Geisteswissenschaften in den Lehrplan der Hochschulen integriert; Gesetzesnovellen verbürgten nun die soziale Sicherstellung des Schauspielerstandes, und das Theaterplakat, endlich, zu lange stiefmütterlich behandelt, eroberte sich langsam und mühsam seinen ihm gebührenden Platz im Kräftespiel einer städtischen Bühne.

Die Prinzipalin

Einer Figur vor allem verdankt das Schweizer Theaterplakat im frühen 19. Jahrhundert prägende Impulse. Seitdem Charlotte Birch-Pfeiffer 1837 die Leitung der Zürcher Bühne übernommen hatte, war sie als Bewegerin auf vielen Fronten tätig. Der ehrgeizige Spielplan etwa, der viele für Zürich noch unerprobte Stücke enthielt, sollte für die Schweiz ein dramaturgisches Maß setzen und die Bühnen des kleinen Landes an den Erfahrungen der großen Theater Europas teilhaben lassen. Von einem frühbürgerlichen Bildungsauftrag beflügelt, nahm sich die Intendantin darüber hinaus vor, die Zuschauerschaft nicht nur zahlenmäßig zu mehren, sondern sie in ihren Ansprüchen zu verfeinern.

Der ästhetischen Aufwertung des Plakats kam in diesem Programm ein besonderer Wert zu. Gleich nach ihrem Amtsantritt hat sich Charlotte Birch-Pfeiffer hier eingesetzt, wie die genauen Aufzeichnungen in ihrem Dienstbüchlein bestätigen. In den Sitzungen mit ihrem künstlerischen Beirat wurden Aufträge an Künstler erteilt, die Entwürfe diskutiert und

dann an Druckereien weitergeleitet. Als entscheidungskräftige Matriarchin begleitete Charlotte Birch-Pfeiffer den Gang ihrer Plakate vom frühen Entwurf bis zum endgültigen Aushang. Gerade in der kritischen Phase des Probedruckes bestand sie auf einer wachen, genauen Kontrolle. Unangemeldet besuchte sie die Druckereien und verlangte kämpferisch von den Setzern und Lithographen beste Arbeit. Als ihre Zürcher Direktion 1843 zu Ende ging, wurde sie nicht nur als gefeierte Schauspielerin und Autorin verabschiedet, sondern eben auch als tatkräftige Förderin des Schweizer Theaterplakats.
Charlotte Birch-Pfeiffers Einsatz für eine gute Plakatkunst trug für ihr eigenes Theater Früchte und wirkte auch über ihr Stammhaus hinaus als formgebendes Beispiel. Ein auf lange Zeit prägender Einfluß blieb ihr aber verwehrt, denn die Widerstände zeigten sich als noch zu vielgestaltig, zu stark. Drei Widerstände erwiesen sich dabei als besonders hinderlich.

Drei Widerstände

Zunächst fehlte es im eidgenössischen Raum ganz an Ausbildungsstätten für Plakatkünstler. Die Vorlesungsverzeichnisse der Gewerbeschulen im 19. Jahrhundert legen davon ein beredtes Zeugnis ab: einen eigentlichen graphischen Lehrgang mit einem Schwerpunkt auf Plakatgestaltung gab es selbst in Ansätzen nicht. Auch die kantonalen Malakademien boten keine Hilfe; hier führte die Ausbildung gradlinig vom zeichnerischen Grundkurs zum Ölbild in der Tradition der klassischen Malschule. Der Nährboden war karg; in mühsamer Eigenkraft mußten sich so junge Künstler ihr Handwerk aneignen.
Als zweiter Widerstand erwies sich das Fehlen einer heimischen Tradition. Die frühen Holzschnitte waren denn doch zu grob, und das reine Schriftplakat der Aufklärung bot keinerlei bildnerischen Anreiz. Neues, Unvertrautes schaffen zu wollen, ohne sich auf Altes, Bewährtes berufen zu können, führte bei manchen Begabten zu Hemmnis und Ratlosigkeit.
Ein dritter, noch lange geltender Widerstand war das Vorurteil, das gerade maßgebende Figuren der bildnerischen Zunft dem Plakat entgegenbrachten. Begründet war dies Vorurteil in der Überzeugung, daß Plakatkunst nie reine Kunst sein könne, da sie doch nur ein Produkt anpreise, der Werbung diene, und damit jeden Kunstanspruch beleidige. Bildende Kunst, so forderten sie, gehöre in den heilen Raum der Bürgerstube, allenfalls in das wohlbehütete Museum; eine Kunst auf der Straße aber könne und dürfe es *per definitionem* nicht geben.

Rue Soufflot

Anders, ganz anders waren schon früh die Voraussetzungen in Paris. Der Nährboden für das Plakat war hier reich und gesättigt. Schon seit den frühen zwanziger Jahren des 19. Jahrhunderts bot die «École des Beaux Arts» an der Rue Soufflot nicht nur einzelne Kurse zur Plakatgestaltung, sondern einen vierjährigen Lehrgang, der die Materie grundsätzlich erarbeitete. Zwölf vollamtliche Fachlehrer unterwiesen hier im neu hergerichteten Südflügel des Baus eine Schülerschaft, die sich aus dem weiteren europäischen Raum, aber auch aus Nordamerika zum Studium drängte. So mächtig war der Andrang, daß schon bald strengste Aufnahmeprüfungen das Maß auf die begabtesten fünfzig Kandidaten beschränkten. So erwuchs in der Folge in Paris eine Unzahl von Privatschulen des graphischen Gewerbes heran, um auch all den abgewiesenen Schülern eine Ausbildung zu ermöglichen.

Anders als die Schweizer hegten die Franzosen dem Plakat gegenüber kein hemmendes Vorurteil. Seit der Revolution erkannten sie in Kunst und Öffentlichkeit ein verträgliches Paar. Das Plakatschaffen war somit voll in den täglichen Kunstbetrieb eingegliedert. Wettbewerbe wurden ausgeschrieben, Ausstellungen veranstaltet, und das Selbstverständnis des Plakatkünstlers war gestärkt: seine Arbeit war nun Mission und nicht bloß eine verschämt eingestandene Nebenbeschäftigung.

Alois Senefelder

Paris wurde schon darum zum Mittelpunkt des Plakatschaffens, weil es mutiger als alle anderen Zentren Alois Senefelders Entdeckung des Steindrucks weiter- und vorangetrieben hatte. In eigenbrötlerischer Tüftelei oder in systematischer Erprobung wurden alle drucktechnischen Möglichkeiten erfinderisch durchgespielt und dann unmittelbar für das Plakat nutzbar gemacht. Der frühe Ruf von Paris als der Metropole allen Plakatschaffens war berechtigt, war verdient; hier arbeiteten auf engstem Raum die besten Fachkräfte in lebhaftem Wettstreit.

Paris als Mekka

Es kann nicht erstaunen, daß diese Strahlkraft von Paris auf so viele junge Schweizer Künstler betörend wirkte. Während bisher Rom und Florenz als Zielort künstlerischer Bildungsreisen ein fast absolutes Primat beanspruchen konnten, wurde Paris spätestens seit der Jahrhundertmitte zum erklärten Mekka. Hierhin konnte man aus der heimatlichen Enge entfliehen, wo zu oft pharisäerhafte Kleinherzigkeit eine freie Entfaltung erschwerten, und hier verfeinerte man sein Handwerk im Dialog und in der Reibung mit Künstlern aus aller Welt. So zogen denn Bildhauer und Maler, Komponisten und Architekten, Autoren und eben auch angehende Plakatkünstler nach Paris. Für die einen blieb es beim kurzen, flüchtigen Besuch, für andere wurde Paris das neue, lebenslange Domizil, der Ort, von dem sie sich nie mehr losreißen konnten.

«les petits suisses»

Die Kolonie der Schweizer Künstler aus den vier Landesteilen war schon in den sechziger Jahren so sichtbar gewachsen, daß man in Paris mit einer Mischung von Erstaunen und großstädtischer Arroganz von den «petits suisses» zu sprechen begann. Eine Einheit bildeten diese Schweizer aber nur durch ihre nationale Zusammengehörigkeit. Sonst ging jeder seinen Weg, ja vermied die Landesgenossen, um sich ganz am Neuen, Fremden, Anderen dieser Stadt zu messen und dann zu finden.

Im letzten Jahrzehnt des 19. Jahrhunderts hatte es mehr Schweizer Künstler nach Paris gezogen als je zuvor. Angelockt durch die schon von den Zeitgenossen erkannte und benannte «décade des miracles» wollten sie an der so ganz außerordentlichen Dynamik teilhaben, die alle Bereiche der Kunst antrieb. Die Tagebücher jener angereisten Schweizer bezeugen, mit welch hungriger Neugier und Hingabe sie sich all dem verwirrend Neuen preisgaben. Soweit es das meist knapp bemessene Tagesgeld erlaubte, verpaßten sie keine der Ausstellungen, keines der Konzerte, keinen der Theaterabende, die sich in unaufhörlicher Folge zu übertreffen suchten. Hier wollte man nun wettmachen, was einem in heimischer Enge so lange verwehrt geblieben war. Paris erschien so manchem als der ewig verführende, immer neu anreizende, unergründlich fruchtbare Zaubergarten der Kunst.

Der Zaubergarten

Um sich in diesem wuchernden Zaubergarten nicht zu verirren oder gar ganz zu verlieren, auferlegten sich die jungen Schweizer Künstler eine strenge Selbstdisziplin. Gerade jene, die an der «École des Beaux Arts» den Lehrgang für Plakatgestaltung belegten, konnten der semesterweisen Ausgliederung nur entgehen, wenn sie sich vorbehaltlos dem Studium hingaben. Hier wurden sie dann von so bewährten Meistern des Faches wie Jean-Auguste Lecomte und Pierre Garcin methodisch in die traditionellen Techniken wie auch in die neuen, noch wenig erprobten Mischformen des Plakatdrucks eingeführt. Die stürmische Kraft von Paris konnte die jungen Schweizer beflügeln, erwecken, betören, aber sie erkannten, daß erst die sichere Handhabung des handwerklichen Rüstzeugs sie zu unabhängigen Künstlern machen konnte.

Über diese handwerkliche Schulung hinaus aber zwangen sich die jungen Schweizer grundsätzlich zu einem Diskurs mit dem neuen Medium des Plakats. Dabei galt es, für diese ihnen neuartige Kunst am Entwurf neuer Fragen zu arbeiten, Lösungen anzubieten, zum Kern vorzustoßen. Wie uns überlieferte Tagebücher bezeugen, haben drei Kernfragen sie dabei besonders bewegt.

Die Bilderflut

Die erste betraf das Verhältnis von Schrift und Bild. Für die meisten jungen Schweizer in Paris wurde die Beantwortung dieser Frage zu einem schweren, oft schmerzhaften Prozeß. Aufgewachsen waren sie ja in einer Tradition, in der das Schriftplakat beherrschend war. Hierin waren ihre Augen geschult, hiermit waren sie vertraut. Jetzt, plötzlich, wurde ihr Sinn von einer Bilderflut bestürmt. Zum ersten Mal erkannten sie die eigenständige Kraft des reinen Bildplakats, das die Typographie verdrängte oder gar ganz tilgte und dem Bild allen Ausdruck aufbürdete. Der widerborstigen Dialektik von Schrift und Bild mußte sich nun jeder dieser jungen Graphiker stellen, und nur wer sich dieses inhärente Spannungsverhältnis fruchtbar zunutze machte, konnte hoffen, als Plakatkünstler zu bestehen.

Farbe als Farbe

Zur zweiten, listenreichen Aufgabe, die es zu bewältigen galt, wurde der Gebrauch der Farbe. Das Schweizer Schriftplakat war einfarbig; nur größere Bühnen erlaubten sich zuweilen in reißerischer Absicht rote Buchstaben für Stücktitel oder Hauptdarsteller. Nun aber wurde der ganze Farbsinn entfesselt, war das bunte Spektrum freigesetzt. Für die Schweizer Plakatkünstler kam dies einer abenteuerlichen Entdeckung der Farbe als Farbe gleich. Wie um dem harten Schwarz-Weiß gewaltsam zu entgehen, boten sie in ihren Entwürfen die ganze Leuchtkraft direkter, ungemischter Farben auf: so farbenfroh wie die Palette sollte das Plakat erstrahlen.

Die dritte Frage, jene nach der künstlerischen Eigenkraft eines Plakats, haben die jungen Schweizer kurz und vorbehaltlos bejaht. Der Werbeauftrag mußte zwar geleistet sein, aber nur dann sahen sie ihre Arbeit als erfüllt, wenn das Plakat über den Gebrauchswert hinaus als Kunst-Stück bestehen konnte.

Die Schweizer in Paris bewegten sich auf oft abenteuerlichen Fahrten auf der Suche nach ihrer eigenen bildnerischen Sprache; daß sie sich auf diesem Weg der Findung von Leitbildern führen und verführen ließen, kann nicht erstaunen: zu stark war oft das gewählte oder sich übermächtig aufzwingende Vorbild, zu schwach die eigene, sich noch ausbildende Präsenz.

Für die Schweizer Kunststudenten der neunziger Jahre erwuchs Jules Chéret zur natürlichen Bezugsfigur. Sein geräumiges Studio an der Rue de Vedrenne wurde zu einem Sammelpunkt all jener, die sich vom Meister Rat und Ermunterung erhofften. Chéret hat die in ihn gesetzten Hoffnungen nicht enttäuscht. Durch die Unterstützung in Geldnot geratener Studenten, durch die ebenso großzügige Zuteilung von Arbeitsräumen, besonders aber mit harter, helfender Kritik hat er sich der Schweizer Künstler angenommen. Sie zu fördern, sie an seinem Beispiel reifen zu lassen, ohne aus ihnen blinde Nachahmer zu machen, blieb immer sein pädagogisches Ziel. Die vielen Chéret gewidmeten Plakate von Schweizer Künstlern der Zeit bezeugen die Dankbarkeit gegenüber diesem großen und großzügigen Mentor.

Jules Chéret

Während Chérets Beispiel offen und fruchtbar blieb, wuchs die übergroße Figur Toulouse-Lautrecs zu bedrohlichen, bedrängenden Maßen. Manch einer der jüngeren Künstler konnte sich der Kraft dieser Plakatkunst nicht entziehen, geriet über den Nachahmer hinaus zum Nachäffer und wurde sich so schmerzhaft der eigenen Kraftlosigkeit bewußt. Andere wieder, zynisch und verbittert, wurden zu geschäftsgierigen Unternehmern, die mit bestechend echt aussehenden Plakaten «à la manière de T.-L.» den graphischen Markt belieferten. So schwunghaft war dieser Handel, daß sich eine eigentliche Kleinindustrie von Raubdrucken entwickelte, gegen die Lautrec, ohne Erfolg zwar, gerichtlich vorging. Manch ein junger Schweizer Plakatkünstler verkam hier, wurde zum Handlanger einer üblen Vermarktung der Kunst.

Toulouse-Lautrec

Die großen, maßgebenden Figuren der frühen Schweizer Plakatkunst waren von solch frecher Ausbeutung frei. Auch sie waren zwar mitgeformt, mitgeprägt von älteren, meist französischen Mustern, und auch Lautrec wurde für manchen zum formgebenden Impuls. Aber zu ihrer graphischen Sprache mußten sie selbst und ganz von selbst finden. Ihr Plakat wurde ihr eigen: einmalig und unteilbar.

Auf kaum einen trifft dies wahrer zu als auf Burkhard Mangold (1873–1950). Auch er hatte in Paris entscheidende Impulse aufgenommen. Die für ihn wegweisende Ausstellung im Juni 1894 im Palais Beaulieu mit ihrem Schwerpunkt auf dem französischen Jugendstil; die nächtelangen Debatten im Studio Chérets über Ästhetik und Handwerk des Plakats; der fast allabendliche Theaterbesuch in dem so fruchtbaren Jahrzehnt: all dies trug dazu bei, Mangold zu einer der stärksten Figuren des frühen Schweizer Theaterplakats reifen zu lassen.

Burkhard Mangold

Mangolds Theaterplakate wirken auch heute noch so echt, da sie von einer ganz genauen Kenntnis des dargestellten Stückes und von einer elementaren Leidenschaft für das Theater getragen waren. Schon als Schüler hatte er sich liebhaberisch an der Bühne erprobt, und als junger Kunststudent war diese Liebhaberei zur Leidenschaft gewachsen; besonders dem dramatischen Werk Hofmannsthals fühlte er sich dabei zugetan.
Durch Burkhard Mangolds Hand kam das Schweizer Theaterplakat des Jugendstils zur vollsten Blüte. Trotz einer spielerischen Fülle von Einzelheiten folgen Bild und Buchstabe einem genau ordnenden Plan, und trotz der fließenden, weichen Form verliert sich nichts in vager Unendlichkeit, sondern bleibt gezielt, gebündelt. Der ehemalige «petit suisse», der als junger Künstler schüchtern und staunend den Art Nouveau in Paris in sein System aufgenommen hatte, konnte nun, zwanzig Jahre später, selber eines der schönsten Jugendstil-Plakate vorlegen (Tafel 5).

Otto Baumberger

Unter den frühen Schweizer Plakatkünstlern hat keiner im Auge der Öffentlichkeit eine breitere Anerkennung gefunden als Otto Baumberger (1889–1961). Das lag zunächst daran, daß er sich in proteushafter Verwandlungsfähigkeit immer wieder neu erprobte, neu erschuf, und sich in kaum glaublicher, unerschöpflicher Fruchtbarkeit und Vielfalt mit neuen Gesichtern offenbarte. Dazu kam, daß seine Plakate, für die Bundesbahn etwa, besonders aber für den Schweizer Tourismus über Jahre hinweg einen dichtgestreuten Aushang erfuhren und so jedermann, auch dem graphisch Uninteressierten, vertraut wurden.
Wie sein Freund und mitstreitender Kollege Mangold, so war auch Otto Baumberger von Jugend auf mit dem Theater in enger Bindung vertraut. Die frühen Eindrücke durch das Werk Max Reinhardts hatten ihn derart verzaubert, daß er sich fast ganz dem Theater verschrieben hätte. Diese Leidenschaft für die Welt der Bühne prägt so all seine Plakatentwürfe für das Theater. Nie hätte er lustlos, nur um des Gelderwerbs, ein Auftragswerk angenommen. Angeregt, aufgeregt durch ein Stück, einen Darsteller, einen Regisseur mußte er sein; nur so konnte ihm jene Unmittelbarkeit, jene ergriffene Präsenz gelingen, die ihm als Plakatgestalter oberstes Gebot war.
Im Gespräch hat Otto Baumberger immer wieder betont, daß es nicht die Aufgabe des Theaterplakats sein könne, ein Stück zu illustrieren;

vielmehr müsse der Kern, der Puls, oder das Herz, wie er es nannte, erkannt, überhöht und dann ins Bild gedrängt werden. Der beschreibende Charakter des Plakats wird dabei verneint; weit über ein bildliches Zitat hinweg, mußten die verborgenen Energien des Kerns in Form und Farbe entladen werden. Diesem vom Expressionismus gespeisten Bildwert verdankt die Schweizer Plakatkunst, etwa mit der *Medea* (Tafel 20), eines ihrer vollkommensten Beispiele.

Emil Cardinaux

Neben Mangold und Baumberger war Emil Cardinaux (1877–1936) der dritte Leitstern des frühen Schweizer Theaterplakats, und wie sie hat er sich während seiner Lehrzeit in verschiedenen Techniken und Stilen versucht, bevor er seine eigene Bildsprache fand. Während schwächere Künstler in dieser Suche ihre Energien zu oft zerstieben ließen und sich so selbst verloren, wurde für Cardinaux das Erproben ganz gegensätzlicher Bildformen zum heilsamen Segen. Er selber hat seine Arbeit immer janusköpfig genannt, da er ganz selbstverständlich zwei Schulen dienen konnte, auf zwei Strömen trieb. Wechselseitig, in gleichem Rang, mit gleichem Recht, wie zwei Triebe eines Stammes, sollten beide Bildformen ihre Wirkung tun.

Cardinaux' eine Bildform war von der schon früh einsetzenden Faszination für das Rokoko bestimmt; besonders zu deren französischen Kleinplastik bezeugte er eine wesenhafte Bindung. Von seinen modernistischen Kollegen ist er darob oft belächelt und verspottet worden; sie warfen ihm einen ganz unzeitgemäßen Blick in die Vergangenheit vor, einen feigen Rückzug in die private Idyllik. Cardinaux sah es anders. Für ihn verbildlichte das Rokoko ein Ideal der Grazie, der Leichtigkeit, der unbeschwerten Anmut. Gerade in einer Zeit der Härte, des Groben, des Gemeinen sollte der Blick für die Möglichkeit des Verfeinerten, des Ruhevollen gewahrt bleiben. Spielerisch, mit heiterer Gelassenheit, hat Cardinaux diesem Bild des Rokoko gedient. Sein Plakat zur Mozart-Feier (Tafel 8) widerlegt in seiner schwerelosen Grazie einfach und überzeugend jeden Einwand seiner Kritiker.

Hodler als Ansporn

Daß Emil Cardinaux im gleichen Jahr, ja im gleichen Monat, ein so ganz andersartig konzipiertes Plakat vorlegen konnte wie *Palestrina* (Tafel 9), bestätigt seine Janusköpfigkeit. Hier war Ferdinand Hodler Vorbild und Ansporn. Doch während manch anderer schwächerer Künstler nach der Berührung mit Hodler im Epigonentum verkümmern konnte, nahm Cardinaux den fremden Impuls ganz selbstbewußt und in eigener Verantwortung auf. Das Großflächige, auch Monumentale des Vorbildes war auf das Maß eines Plakats gezügelt, das Gewaltige, auch Gewalttätige Hodlers war gemildert, und die Farben leuchteten, aber sie leuchteten gedämpfter, in verhaltener Kraft: der Schüler hatte sich seinen Meister in spielerischer Umwandlung zu eigen gemacht.

Der Zeitraum

Die schönzahlige Umgrenzung des Themas von 1900–1925 ist nicht so willkürlich, wie sie erscheinen mag. Beide Daten markieren nämlich für das Schweizer Plakat deutliche Scheidepunkte. Gerade jüngere Künstler erkannten die Jahrhundertwende als die Möglichkeit, ein neues, unabhängiges Kapitel zu beginnen. Zu lange hatte man sich von französischen Mustern leiten und verleiten lassen und dabei zu oft seine eigene Sprache verlernt. Eine Besinnung auf die autonome Kraft, auf das Selbsterarbeitete, Selbsterrungene, sollte noch ungenutzte Energien freisetzen. Dies gestärkte Vertrauen in sich selbst wurde zu einer entscheidenden Voraussetzung für die Geburt und das Wachstum des modernen Schweizer Plakats.

Mit 1925 war eine neue Zäsur gesetzt. Von den Prinzipien des Bauhauses genährt, verschuf sich der Konstruktivismus Eingang in die Schweizer Plakatwelt. Was zunächst von Zeitgenossen nur als modische Torheit abgetan wurde, erwies sich schon bald als notwendiger, fruchtbringender Impuls. Ein neues Kapitel hatte begonnen, mit neuen Gesetzen, einer neuen Ästhetik.

Das vorliegende Buch verfolgt ein dreifaches Ziel. Zunächst soll es unser Wissen vom Schweizer Kulturplakat bereichern. Zu lange stand dies im Schatten der international bekannt gewordenen Touristik-Plakate.

Eine flüchtige Kunst

Gerade das Theaterplakat schien das Schicksal des Theaters selber als die flüchtigste der Künste zu teilen. Für einen Anlaß, ein Datum geschaffen, verschwand es oft in staubigen Archiven, war dieser eine Anlaß einmal vorbei. Die schönsten dieser Plakate dem Archiv zu entreißen und damit erneut die Lebenskraft der Schweizer Graphik jener Jahre zu bezeugen, blieb so eine erste wichtige Aufgabe.

Das zweite Ziel schloß sich organisch an. Da die Geschichte des Schweizer Theaters noch weitgehend ungeschrieben ist, muß jeder Versuch, so fragmentarisch er auch sei, als willkommen erscheinen. Das rege, bunte Theaterleben des frühen 20. Jahrhunderts findet hier in diesen Plakaten ein sprechendes Zeugnis. In Ansätzen ist dies Buch somit auch eine Schweizer Theatergeschichte in Bildern.

Drittes Ziel und Hauptziel muß es aber sein, mit diesen Bildern ganz natürlich und stark die Schaulust zu befriedigen. Jenseits aller theaterhistorischen Bezüge, jenseits aller biographischen Ableitungen und endlich jenseits aller systemstrengen Analyse sollen diese Bilder als Bilder wirken. Jules Chérets Wort vom «Auge, das einfach und schön ergötzt werden will» kann sich hier im reinsten Wortsinn bestätigen.

Das Auge

Swiss Theatre Posters
1900–1925

A Background

A Beginning in Rome

The history of the theatre poster reaches far back: the earliest examples are recorded in Classical Rome. As early as the young republic, hand-painted sheets of papyrus announced the performances in any of the city's seven theatres. In order to appeal to the mass of illiterates, these posters relied exclusively on the visual, non-verbal: the key-scene of the play was effectively captured, while at the bottom right a clearly recognizable logo of the theatre indicated the place of performance. With rice-paste these posters were glued onto columns, which were placed in front of the playhouse itself, on market-squares and next to busy stores and sports arenas. For clearly defined fees these columns could be rented, either by day, week or full month. Surviving sources of the municipal bureaucracy indicate the flourishing success of these rental columns. Thus any visitor to early Rome must have been struck by this colourful abundance of posters.

Yet this was only the beginning. The more vigourously the Roman theatre developed, the richer the theatre poster flourished in turn. During the Empire a veritable industry of theatrical advertising established itself, with half a dozen agencies fiercely competing against one another. With ever new and inventive stimuli the audience had to be lured to the theatre; oversized posters, painted in the bold colours of Tuscan chalk, now covered the walls of entire buildings. Hired soldiers were placed in front of these walls in order to prevent any disfigurement of the posters by the competition.

Tuscan Chalk

Just as the theatre itself, so the theatre posters, too, had grown into giant-like dimensions during Rome's last years. Now huge rolls of papyrus were sewn together with palm-thread, tightened onto thin wooden frames, and then carried in a procession through the city, accompanied by trumpet calls. Another means was to paint theatre posters on banners, which were then lined by the hundreds along the avenues leading to the Forum, or they were sewn on large rolls of canvas that obtrusively spanned over busy streets of the city centre. No trick remained untried, no means untested. The art of the theatre poster had here reached a first colourful peak. It was only when the Empire collapsed that this lively tradition came to a sudden end.

Strolling Players

A full thousand years later, under radically different circumstances, the theatre poster blossomed again, and for the first time a rich graphic tradition could be documented for Switzerland. In contrast to that of old Rome, the theatre here was not urban and metropolitan, for a refined, spoiled audience; not a theatre in exclusive, expensive stone buildings. Here a raw, populist mimetic impulse was at work: performances took place on roughly hewn wooden scaffolds, in taverns, on village squares; or the players strolled even further into the countryside and performed in remote hamlets and for peasant families. In a fast sequence of acts they delighted their curious audience. With fire-spitters, tight-rope walkers, dancing bears, clowns and jugglers they created an athletic theatre that broke existing barriers with perfect ease. Young and old, man and woman, servant, prelate, council-member, merchant or beggar: they all were being equally charmed. It was a full theatre, a folk theatre, in which zoo and circus, the light and the rough, surprised the audience ever anew.

Quarto

As the competition amongst the strolling players was fierce, advertising took on an important role. Handbills and small posters, mostly in quarto size, are richly documented, particularly from the 16th century. The strolling players relied on the inexpensive woodcut. Roughly carved plates were pressed on thick paper, which then could be hand-coloured. In a brazenly sensationalist manner these woodcuts depicted highlights from the show: the balancing act on a galloping horse; the human pyramid of the entire troupe; the clown, juggling six wine bottles while performing a somersault: artless, yet effective, these posters wooed and seduced their audience. Even when the strolling players performed scenes from the Bible, they relied on this visual power of advertising. The flaming Mouth of Hell, Old Noah and his animals, or the white-bearded God the Father on his golden throne: the simple woodcut managed to draw in the crowd.

The Jester's Dance

With hammer and nail these posters were tacked to the doors of taverns, guildhalls and to market booths. In order to heighten the poster's impact, the troupe's jester positioned himself in front of it on the day of performance, and encouraged ticket-sales with a song, some clever talk, or a jig. The strength and variety of the Swiss theatre in the age of the counter-reformation is effectively mirrored in these posters.

Any theatre history of this period can only be fully wirtten if it takes this populist form of advertising into account.
Every theatre period creates its theatre poster. When, two centuries after the strolling players, the rules of the Enlightenment began to shape every sphere of daily life, the theatre and its means of advertising could not remain untouched. Far removed from the rough magic of the vagabonds, new keynotes like measure and rule, balance and law, demanded their right. The Swiss theatre of the Enlightenment attempted to live up to this new ideal in every respect. Both drama and staging adhered to the rule of clarity and order. The anarchic abandon of popular baroque theatre was looked down upon with disgrace, even disgust; now everything was to follow the strict laws of a narrowly defined neo-classic dogma.

From Image to Word

This radical shift in aesthetic ideals led the theatre poster within a short time from the image to the word, from experience to idea. Instead of dazzling by form and colour, the poster should now instruct by the carefully set letter. In restricting itself to the black and white of typography, the didactic element of the 18th century could find a convenient outlet: besides providing the relevant information, these new posters most often included short moral exhortations. The theatre, disguised as a school for a more virtuous life, was thus legitimized. In this process, the Swiss theatre poster of the 18th century enjoyed the same meticulous, almost schoolmasterly care as the performance on stage itself. Painstakingly set by typographers, and then printed with equal care, these became the first Swiss theatre posters that could claim any artistic merit, despite their dry, all too rational tone.

A New Beginning

No period has proved more fertile for the Swiss theatre and thus the Swiss theatre poster than the 19th century. In an activity never seen before every aspect of theatrical life was in fermentation. This is hardly surprising, as it was the period in which the country itself as a political and economic unit underwent decisive changes.
In the realm of theatre the most visible expression of these dynamics was the construction of new playhouses. In close observation of the new stages in neighbouring countries, theatres were built that could easily compete with the stages abroad in terms of their technical sophistication. City councils willingly supplied the funds for new construction. Some of the bigger theatres were additionally endowed with such

generous operating grants that an ensemble could be hired with long-term contracts. Societies were formed to recruit and train young writers of the stage; specialized periodicals were published, some of them with an amazingly high circulation; the systematic study of drama was included in the curriculum of the universities; the legal system was amended to secure social rights for the actor and the theatre poster, finally, gained the role it deserved in the awareness of the public.

The Principal

To one figure above all the Swiss theatre poster of the early 19th century owes a considerable debt. Since 1837, when Charlotte Birch-Pfeiffer had become the head of the theatre in Zurich, she had quickly shown herself as an innovator on many fronts. The ambitious repertory, for example, that included many plays untested in Zurich, was meant to set a dramaturgical standard for all of Switzerland, and link the stages of the small country with the major theatres abroad. Furthermore, inspired by the pedagogical convictions of the middle-class, Charlotte Birch-Pfeiffer aimed at raising the audience not only numerically, but in terms of its aesthetic refinement.

The art of the poster was here assigned to play a decisive role. As her journals show, Charlotte Birch-Pfeiffer devoted considerable energies to this enterprise right after taking office. In the meetings with her advisory council posters were commissioned, the rough sketches discussed and the final draft eventually forwarded to hand-picked printers. As the undisputed matriarch of her theatre she accompanied these posters from the very earliest stages right up to their placement in the streets. Particularly in the critical phase of the proofs she kept a sharp, watchful eye. Unannounced she would appear at the printer's, fiercely demanding the best, and only the best, work from both typographers and lithographers. When her headship in Zurich came to a close in 1843, it seemed natural that she was not only hailed as a fine actress and dramatist, but as a forceful promoter of the Swiss theatre poster.

Charlotte Birch-Pfeiffer's commitment to the art of the poster proved to be beneficial for her own theatre and did have some impact beyond Zurich. But she was unable to exert the long-range influence she had hoped for, as the obstacles were simply too strong. Three of these obstacles formed a particular hindrance.

Three Obstacles

To begin with, there was no training ground for poster artists anywhere in Switzerland. The course outlines of any of the trade-schools attest to this: graphic instruction with an emphasis on poster design was not even available in fragments. The art schools were of no help either; here the training led in a direct line from a rigourous drawing course to oil-painting in the established tradition of the academies. So the soil was meagre, less than meagre. In slow, often painful work young artists had to learn and perfect their craft by themselves.

The second obstacle was the absence of any tradition in the true sense of the word. The early Swiss woodcuts were simply too primitive to serve as a model and the purely typographical posters of the Enlightenment offered very few visual stimuli. Without any firm hold in tradition many young designers thus felt stalled and confused.

A third persistent obstacle was the prejudice that many leading figures within the Swiss art world felt towards any poster. This prejudice was rooted in the belief that poster art could never be pure art because of its undeniably commercial nature. The visual arts, they argued, belonged in the safe and secure living-room of the household, or in the well-defined space of a museum; an art form for the streets, however, could not and should not by any definition exist.

The circumstances were very different in Paris. Here the soil was rich and fertile. Since 1821 the "École des Beaux Arts" at the Rue Soufflot not only offered courses in poster design, but an intensive four-year programme that covered all the intricacies of the field. Twelve full-time specialists taught students who had come from France, other European countries and from as far as North America. The interest in the subject was so strong that very soon rigourous entrance exams had to be set in order to secure positions for only the most talented applicants. As a result literally dozens of private art schools shot up in Paris to accomodate all those students who had been denied entry at the "École des Beaux Arts".

Rue Soufflot

In a distinct contrast to the Swiss, Frenchmen felt no hindering prejudice towards the poster. Since the Revolution they regarded art and the public as a compatible pair. The making of posters had over the years become a fully accepted part of artistic life. Open competitions were held, exhibitions arranged, and the self-confidence of the poster artist was now strong and evermore strengthened.

Paris had become the centre for the art of the poster because it had developed and refined Alois Senefelder's invention of lithography with

Alois Senefelder

more vigour than other cities. In endless experimentation all technical possibilities were now explored and the insights directly applied to the making of posters. Thus the early reputation of Paris as the capital of the poster was fully justified; here, gathered together in one single city, the best professionals anywhere worked in lively competition.

It is not surprising that the vitality and radiance of Paris were so alluring.

Paris as Mecca

Whereas up to now young Swiss artists had made Rome and Florence the two definite goals of any Grand Tour, Paris had now replaced these cities as the ultimate mecca. Here, one could escape from the narrow confines of one's own country, where small-mindedness all too often had impeded any free artistic growth, and here one could perfect one's craft in dialogue and friction with fellow artists from all over the world. Thus Swiss sculptors and painters, composers and architects, writers and poster artists moved to Paris. For some it turned out to be but a short, fleeting visit; for others Paris was to become the new, lifelong haven, the magic place, where they stayed, never to come home again.

"les petits suisses"

As early as the sixties this colony of Swiss artists from the various parts of the country had grown so visibly that the Parisians, with a mixture of amazement and arrogance, began calling this group "les petits suisses". Yet, these artists only formed a unity by their national background. Otherwise everyone went his own way, even avoided his countrymen, in order to explore and exploit all that was foreign, all that was new.

During the last decade of the 19th century more Swiss artists had been drawn to Paris than ever before. Attracted by what the contemporaries themselves had already labelled as the "décade des miracles", they were eager to experience the extraordinary powers that were propelling all the spheres of the arts. The journals of these Swiss are eloquent proof of how eagerly they tried to absorb the city's vitality. As long as their pocketbooks allowed, they missed no exhibition, no concert, no play or opera. Here, finally, they hoped to catch up on all the cultural wealth that they had missed so painfully in the narrow provincialism of their home country. To them Paris seemed a continually tempting, ever newly stimulating, inexhaustibly fertile magic garden of the arts.

The Magic Garden

In order not to get lost in this teeming magic garden, the young Swiss artists imposed strict work habits upon themselves. Particularly those who had enrolled at the "École des Beaux Arts" could only avoid an expulsion from the programme, if they devoted themselves with absolute dedication to their studies. These studies were supervised by masters as prominent as Jean-Auguste Lecomte and Pierre Garcin who introduced the students methodically to all traditional techniques and to the newly developed and still largely uncharted mixed forms of poster printing. The buoyance and liveliness of Paris could excite, animate and exhaust these young Swiss artists, but they realized at the same time that only an absolutely firm and rigourous command of their craft could one day turn them into independent artists.

Beyond this thorough training in trade and technique, the Swiss systematically forced themselves to a discourse of the poster as an artistic medium. As the art form itself was new to them, questions had to be asked, answers had to be offered. Recurrent entries in their journals attest that three questions were of particular importance to them.

The first one concerned the relationship of image and letter. For most Swiss artists in Paris the answer to this question only came slowly and painfully. They had grown up in a tradition in which the typographical poster had enjoyed an almost exclusive monopoly. It had trained their eye, it had conditioned their reflexes. Now, all of a sudden, their senses were assailed by a flood of images. For the first time they realized the sheer power of a poster that either reduced the printed word or excluded it altogether, and thus relied on the image alone. Every one of these young graphic artists now had to grapple with the tricky dialectics of word and image, and only those who could make creative use of the inherent tension between the two could hope to succeed.

A Flood of Images

The second question that needed answering related to the use of colour. The Swiss typographical poster had as a rule only used black lettering; some bigger theatres at times included a vibrant, sensationalist red to highlight the play's title or the leading actor's name. Now, quite unexpectedly, the entire scale of colours was available, was released. For the Swiss poster artists this meant the sudden, adventurous discovery of colour as colour. As if to forcibly escape the hardness of black and white, they now indulged in the rich glow of all the unmixed, primary colours: the poster could now radiate as colourfully as the painter's palette.

Colour as Colour

The third question concerned the notion of the poster as a work of art; it was a question that they unanimously answered with a fast and firm yes. The poster's commercial impact should be secured, they argued, but they only saw their work as justified if beyond any marketing considerations the poster could hold its own as a work of art.

The young Swiss artists in Paris often moved on adventurous paths in a search for their own, unique visual language. This search very often brought them dangerously under the spell of already established artists.

Jules Chéret

In the nineties the legendary Jules Chéret had become one of these guiding powers. His spacious studio at the Rue de Vedrenne had turned into a busy gathering point for all those who hoped for advice and encouragement from the master. Chéret, gracious and hospitable, did not disappoint the hopes placed in him. He selflessly helped young Swiss designers by supplying them with studio space, if necessary with some money, but above all by furthering their craft with critical advice. His pedagogical goal was to let them study his own mastery, to let them grow with it, without forcing them to become blind followers. The many posters by Swiss artists dedicated to Chéret form a vivid and touching tribute to this generous mentor.

Toulouse-Lautrec

While Chéret's example remained open and fertile, the figure of Toulouse-Lautrec grew to take on threatening proportions. Many young artists simply could not resist the convincing power of his posters and often unwillingly turned into plagiarists. Others, cynical and embittered, turned their talent to profit, and supplied the graphic market with astonishingly accurate posters "à la manière de T.-L.". These replicas grew into such a flourishing trade of piracy that Lautrec, unsuccessfully, began to sue the most active transgressors. A number of Swiss artists here betrayed all their artistry by shamelessly contributing to this fraudulent scheme.

The truly important, decisive figures of the early Swiss poster, however, were free from any such scheme. They, too, could be shaped by older, mostly French, masters, and for some of them Lautrec became the guiding model; but in the end they had to find their own graphic vocabulary by themselves, and all by themselves. In this necessary process of emancipation their poster became theirs, unmistakable and unique.

Burkhard Mangold

For no one was this more true than for Burkhard Mangold (1873–1950). He, too, had been deeply influenced by the experience of Paris. The exhibition of 1894 in the Palais Beaulieu, with its emphasis on the French Art Nouveau; the nightlong debates in Chéret's studio, covering every topic on the aesthetics and the craft of the poster; the frequent visits to the theatre in that fertile decade: all this contributed measurably in helping to shape Mangold, who was to become one of the three leaders of the early Swiss theatre poster.

Mangold's work has today retained all of its power, because it was infused by a thorough knowledge and an elementary passion for the theatre. Already in his early school days he had tried his hand at acting, and as a young student he continued to nourish this passion; he felt particularly drawn to Hofmannsthal's plays of the *fin-de-siècle.*

In the hands of Burkhard Mangold the Swiss theatre poster of the Art Nouveau reached its fullest bloom. Despite a wealth of elaboration and detail, both image and lettering follow a clearly established pattern, and despite flowing, soft forms, nothing loses itself in ambiguity and vagueness. The former "petit suisse", who as a young art student had studied the Art Nouveau in Paris, could now, almost two decades later, create himself one of the finest posters of this Art Nouveau (Plate 5)

Otto Baumberger

Amongst the early pioneers of the Swiss poster no one has attained higher visibility than Otto Baumberger (1889–1961). More than others, he invented and re-invented his art with protean versatility; in ever new configurations he went on exploring throughout his career. Furthermore, his posters, above all those for the Federal Railway System, were densely posted at strategic points over the country, and thus became familiar even for those uninitiated in the arts.

Like his friend and competitor Mangold, Otto Baumberger, too, had developed a strong attachment to the theatre from childhood on. Early exposure to the work of Max Reinhardt had affected him so profoundly that he almost joined the stage for life. This passion for the world of the stage infuses all his theatre posters. Baumberger never would have accepted an assignment merely for monetary gain; rather, he had to be inspired, aroused by a play, a performer, a director. This inspiration alone could guarantee the immediacy, the brutal presence, that to him seemed prerequisites for any successful work. Otto Baumberger has repeatedly stressed that the aim of a poster could not simply lie in illustrating a play; rather, the centre, the pulse, the heart as he called it, had to be captured, intensified and then condensed into an image. In his mind there was no place for the narrative poster; far beyond a visual quote the submerged energies of the play's centre had to be exploded in form and colour. These aesthetics, shaped by an expressionist ideal, contributed to some of the finest examples anywhere in Swiss poster art (Plates 18–22).

Emil Cardinaux

Next to Mangold and Baumberger it was Emil Cardinaux (1877–1936) who became the third member to form the triumvirate of the early Swiss theatre poster, and like them he had spent early years experimenting with various techniques and styles before he found his own visual language. While weaker artists had all too often dispersed or even lost their native instincts in this search, the playful experimentation with differing forms proved essential for Cardinaux. He himself always characterized his work as Janus-headed, because he could quite naturally serve two schools, swim with two streams. With equal right, in equal rank, these two aesthetic ideals were to find their appropriate expression.

The first of these ideals was shaped by Cardinaux's fascination with the rococo; particularly the French sculpture of that period had captured his imagination. Modernist colleagues ridiculed him for this nostalgic journey into the past; they accused him of a cowardly retreat into private, idyllic seclusion. Cardinaux saw it differently. To him the rococo had realized an ideal of grace, lightness and gentility. In times of hardness, harshness, the brutal and the ugly, our vision of the refined, the delicate, should be strengthened. In a playful, light manner Cardinaux repeatedly served this vision of the rococo. His poster for the Mozart Festival (Plate 8) with its soft and gentle grace can easily refute any objection raised by his critics.

Hodler as Model

The other, very different face of Cardinaux's talent becomes obvious if one considers the poster for *Palestrina* (Plate 9); here Ferdinand Hodler served as model and inspiration. But instead of fully succumbing to the spell of Hodler, as so many other artists did, Cardinaux incorporated the impulse and turned it to his very own advantage. The vast planes, the monumental scope of Hodler had now been tightened to the size of a poster, the colours still glowed, but they now glowed with refrained intensity: in a playful transmutation the pupil had absorbed his master's lesson.

The Time-Span

The rounded demarcation of the topic from 1900 to 1925 is not as arbitrary as it seems. Both dates mark decisive turning-points for the Swiss poster. Young artists above all realized that with the turn of the century a new, fresh chapter had begun. They felt that the French mod-

els had all too long and all too forcefully made their influence felt. A contemplation of one's own autonomous powers, one's own strengths, should now free energies that had hitherto been locked up. This strengthened self-confidence was to become a decisive prerequisite for the birth and growth of the modern Swiss poster.
With the year 1925 another distinct caesura had been set. Nourished by the principles of the Bauhaus, constructivism found its way into the graphic studios. What was first condescendingly characterized as a fashion, as a fad, soon grew to become an important contribution in its own right. Another chapter had begun, with new laws, with a new set of aesthetics.

A Transitory Art

This book attempts three things. First, it can help to enrich our knowledge of Swiss cultural posters. For much too long the internationally known posters advertising tourism have held an almost complete monopoly in the public's mind. The theatre poster, on the other hand, seemed to share the fate of the theatre itself as the most transitory of the arts. Created for one event, one specific date, it all too often simply disappeared into dusty archives once this event was over. One aim of this book, therefore, has been to free these posters from archival imprisonment and to enrich our knowledge of Swiss graphic arts in the first quarter of this century.
The second aim follows organically. As the history of the Swiss theatre still remains largely unwritten, any attempt to begin the task, as fragmentary as it may be, should be welcomed. These posters form a colourful testimony for the lively tradition of the Swiss stage in the early 20th century. In a modest way this book can therefore become a contribution towards a pictorial history of the Swiss theatre.

The Eye

The third and central aim, however, is to please the visual senses with strong images. Beyond all historical relevance, beyond any biographical inquiries, and finally beyond any systematic analysis, these images should affect us as images. Jules Chéret's phrase, the "eye that purely and simply longs to be pleased" can here come true with wonderful precision.

Ausgewählte Bibliographie
Selected Bibliography

Albert Baur	**Das Schweizer Plakat** Basel 1921
Rolf Brendel	**Das Schweizer Plakat** Berlin 1955
Eduard Grosse	**Das neue Schweizer Plakat** Berlin 1980
Hans Kasser	**Entwicklung und Wesen des Schweizer Plakats** Zürich 1949
Walter Kern	**Fünfzig Jahre Schweizer Plakat** Davos 1941
Bruno Margadant	**Das Schweizer Plakat 1900–1983** Basel 1983
Hans Neuburg	**Plakate für das Opernhaus Zürich** Zürich 1975
Ernest Nussbaumer	**Les tendances de l'affiche moderne** Lausanne 1928
Peter Obermüller	**Kulturelle Plakate der Schweiz** Zürich 1974

Bildteil
Illustrations

1 Carl Roesch
THEATERKUNST AUSSTELLUNG
1914

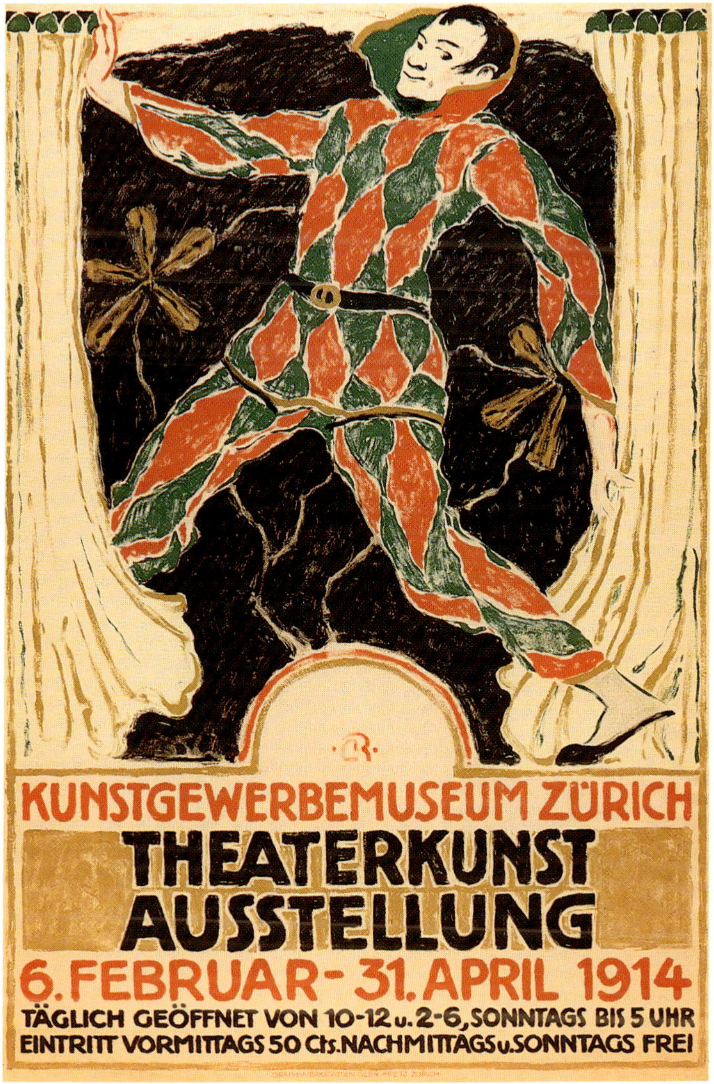
KUNSTGEWERBEMUSEUM ZÜRICH
THEATERKUNST AUSSTELLUNG
6. FEBRUAR - 31. APRIL 1914
TÄGLICH GEÖFFNET VON 10-12 u. 2-6, SONNTAGS BIS 5 UHR
EINTRITT VORMITTAGS 50 Cts. NACHMITTAGS u. SONNTAGS FREI

2 Edmund Edel
FRÜHLINGSERWACHEN
1900

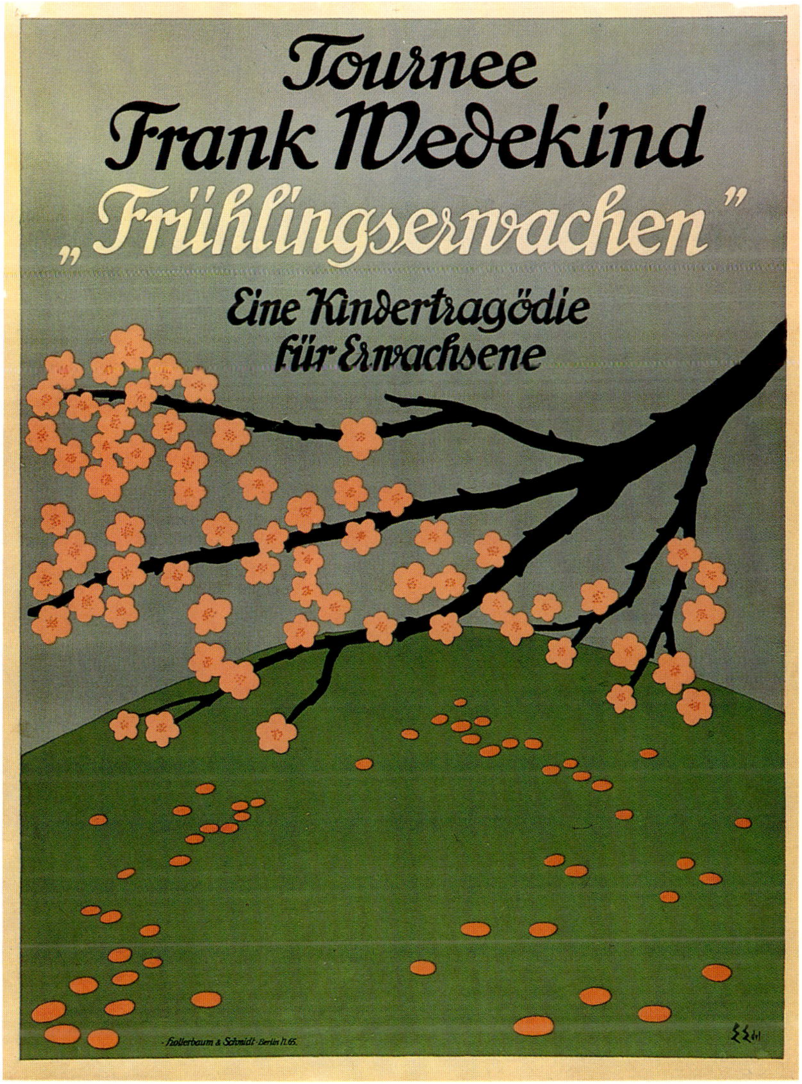
Tournee
Frank Wedekind
„Frühlingserwachen"
Eine Kindertragödie
für Erwachsene
· Hollerbaum & Schmidt · Berlin N. 65.

3 Willy F. Burger
PRINZ GOLDHAAR UND DIE GÄNSEHIRTIN
1909

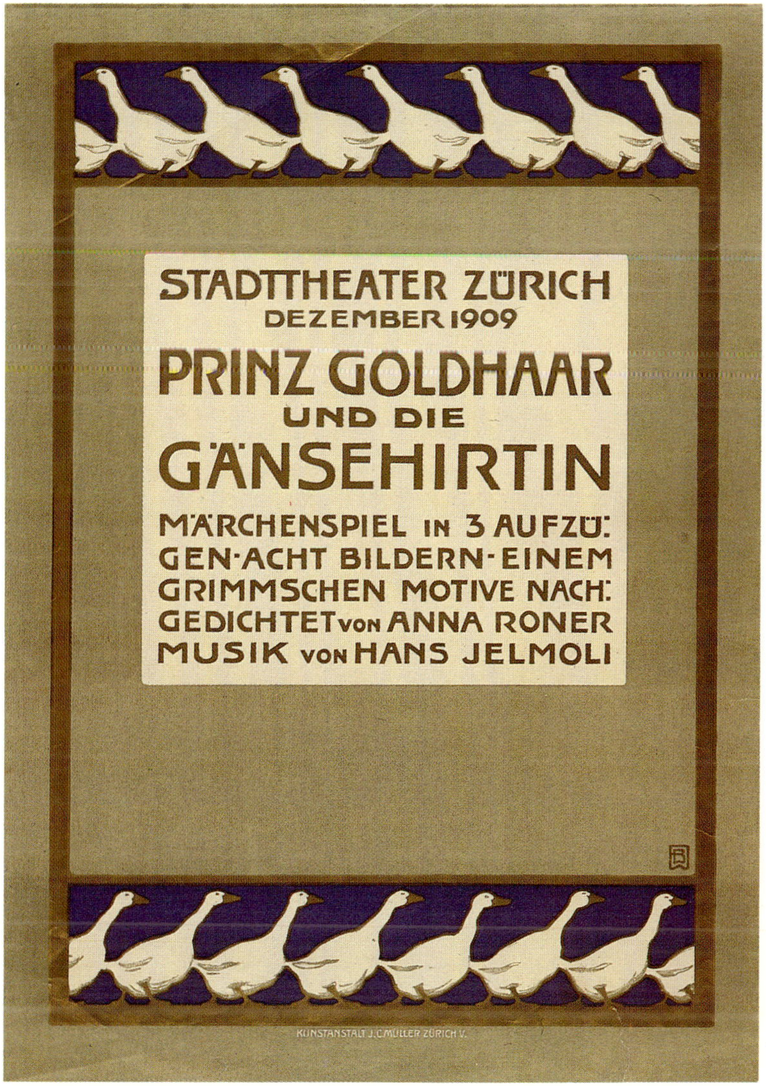
STADTTHEATER ZÜRICH
DEZEMBER 1909
PRINZ GOLDHAAR
UND DIE
GÄNSEHIRTIN
MÄRCHENSPIEL IN 3 AUFZÜ:
GEN·ACHT BILDERN·EINEM
GRIMMSCHEN MOTIVE NACH:
GEDICHTET VON ANNA RONER
MUSIK VON HANS JELMOLI
KUNSTANSTALT J.C.MÜLLER ZÜRICH V.

4 Ernst Linck
BERNER STADTTHEATER
1911

BERNER
STADTTHEATER
LINCK
OFFSETDRUCK KÜMMERLY & FREY, BERN.

5 Burkhard Mangold
DIE WILDEN SCHWÄNE
1916

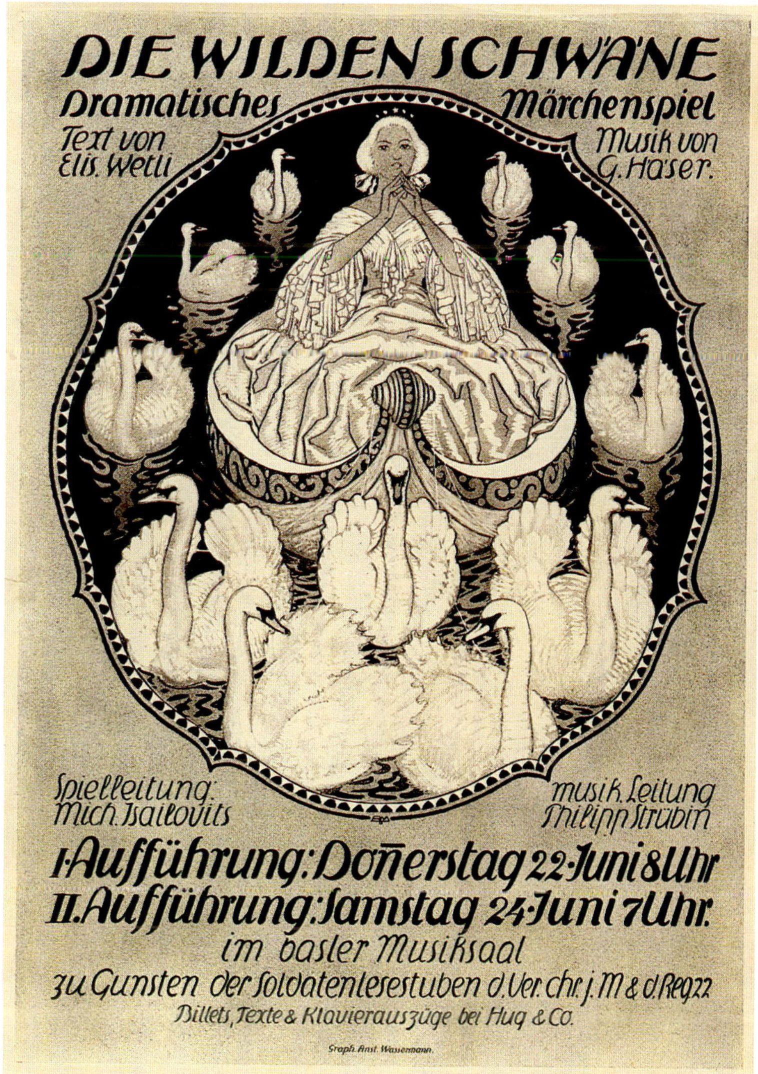
DIE WILDEN SCHWÄNE
Dramatisches Märchenspiel
Text von Elis. Wetli
Musik von G. Häser.
Spielleitung: Mich. Isailovits
musik. Leitung Philipp Strübin
I. Aufführung: Doñerstag 22. Juni 8 Uhr
II. Aufführung: Samstag 24. Juni 7 Uhr.
im basler Musiksaal
zu Gunsten der Soldatenlesestuben d. Ver. chr. j. M & d. Reg. 22
Billets, Texte & Klavierauszüge bei Hug & Co.
Graph. Anst. Wassermann.

6 Ernst Georg Rüegg
PARSIFAL
1913

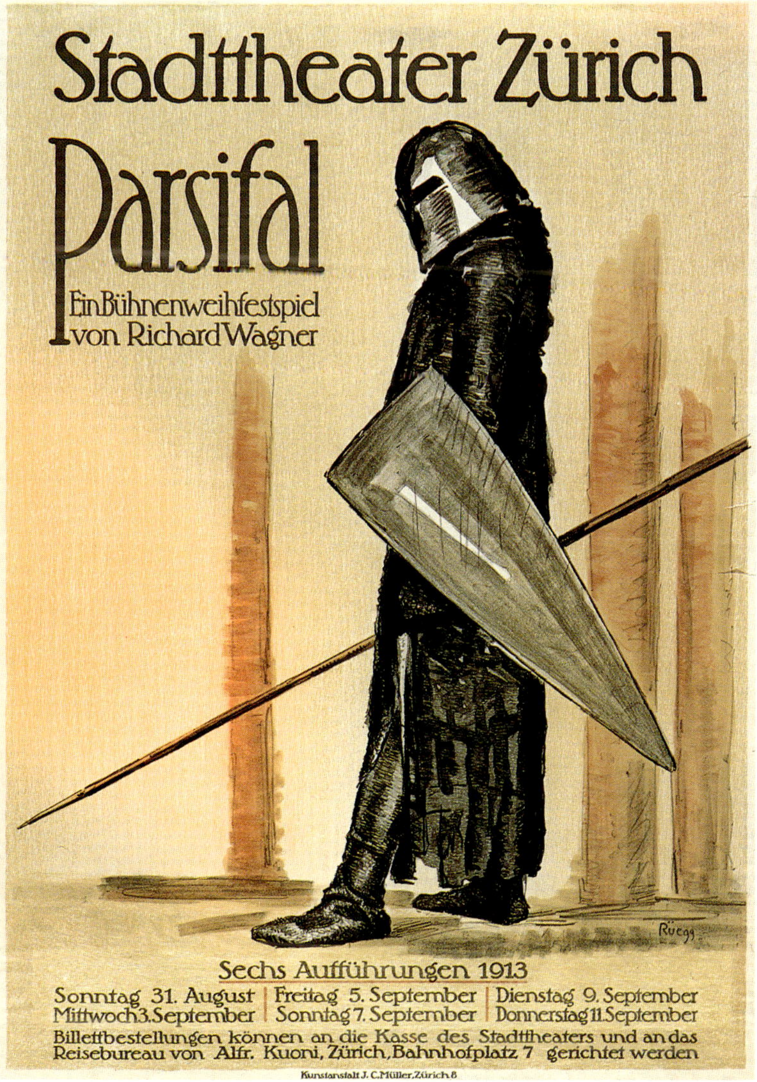
Stadttheater Zürich
Parsifal
Ein Bühnenweihfestspiel von Richard Wagner
Rüegg
Sechs Aufführungen 1913
Sonntag 31. August
Mittwoch 3. September
Freitag 5. September
Sonntag 7. September
Dienstag 9. September
Donnerstag 11. September
Billettbestellungen können an die Kasse des Stadttheaters und an das Reisebureau von Alfr. Kuoni, Zürich, Bahnhofplatz 7 gerichtet werden
Kunstanstalt J. C. Müller, Zürich 8

7 Emil Cardinaux
ALSO SPRACH ZARATHUSTRA / EIN HELDENLEBEN
1912

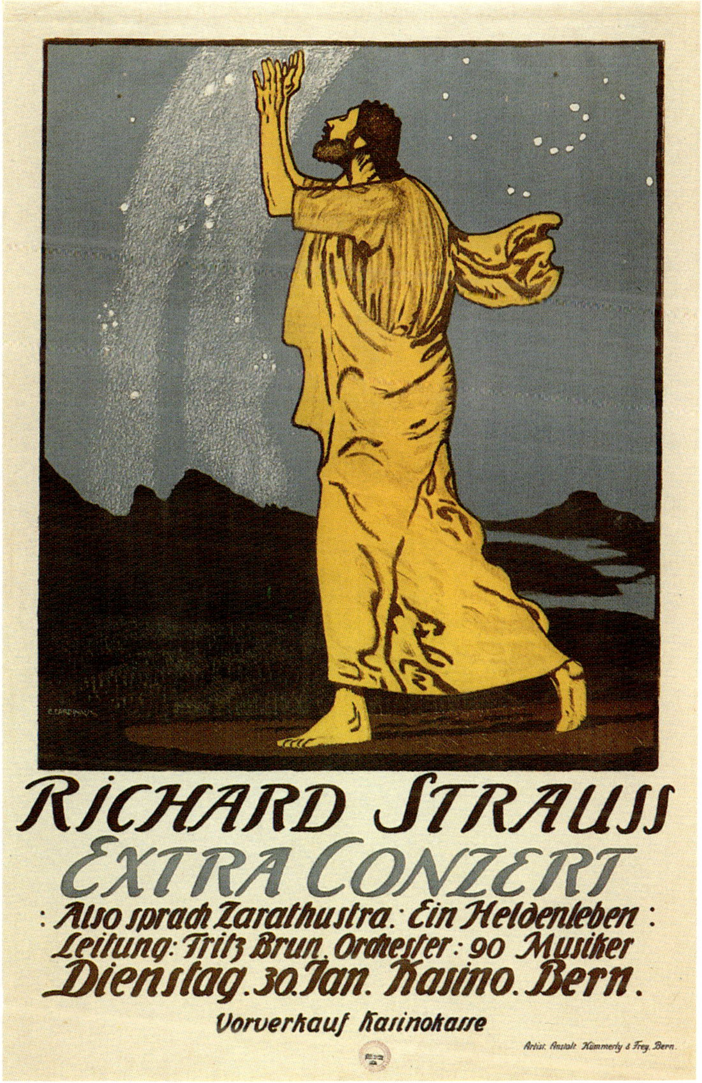
RICHARD STRAUSS
EXTRA CONZERT
: Also sprach Zarathustra. : Ein Heldenleben :
Leitung: Fritz Brun. Orchester : 90 Musiker
Dienstag. 30. Jan. Kasino. Bern.
Vorverkauf Kasinokasse
Artist. Anstalt. Kümmerly & Frey. Bern.

8 Emil Cardinaux
DON JUAN / ZAUBERFLÖTE
1917

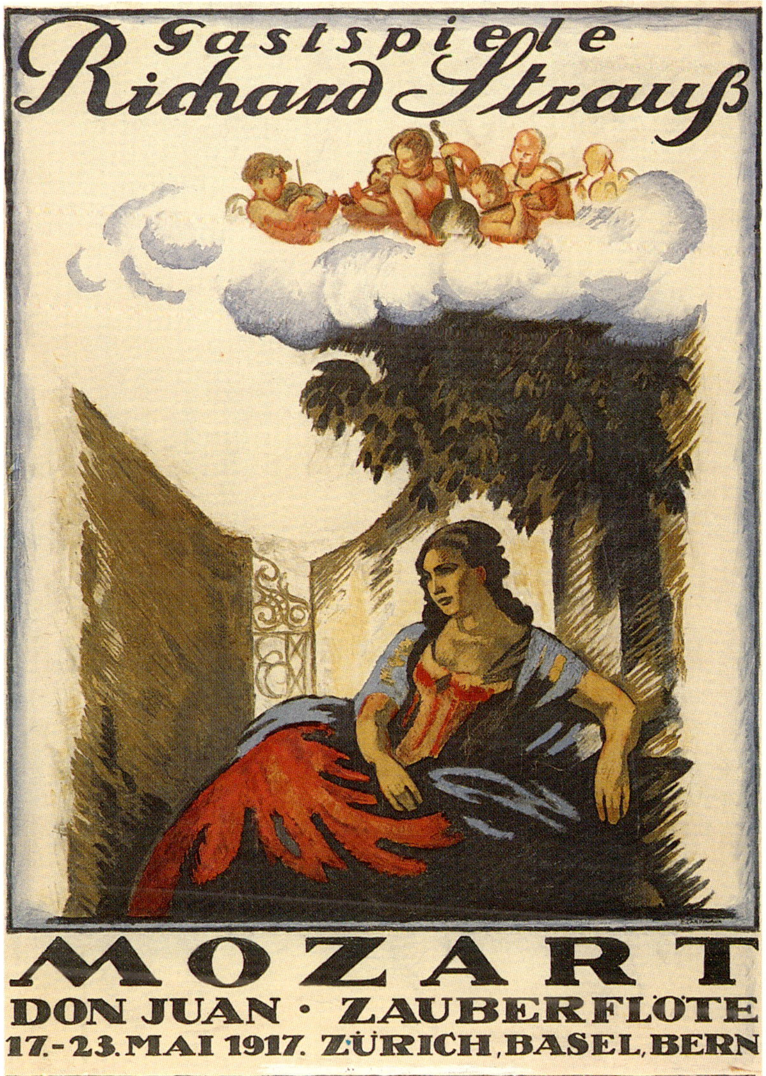
Gastspiele
Richard Strauß
MOZART
DON JUAN · ZAUBERFLÖTE
17.-23. MAI 1917. ZÜRICH, BASEL, BERN

9 Emil Cardinaux
PALESTRINA
1917

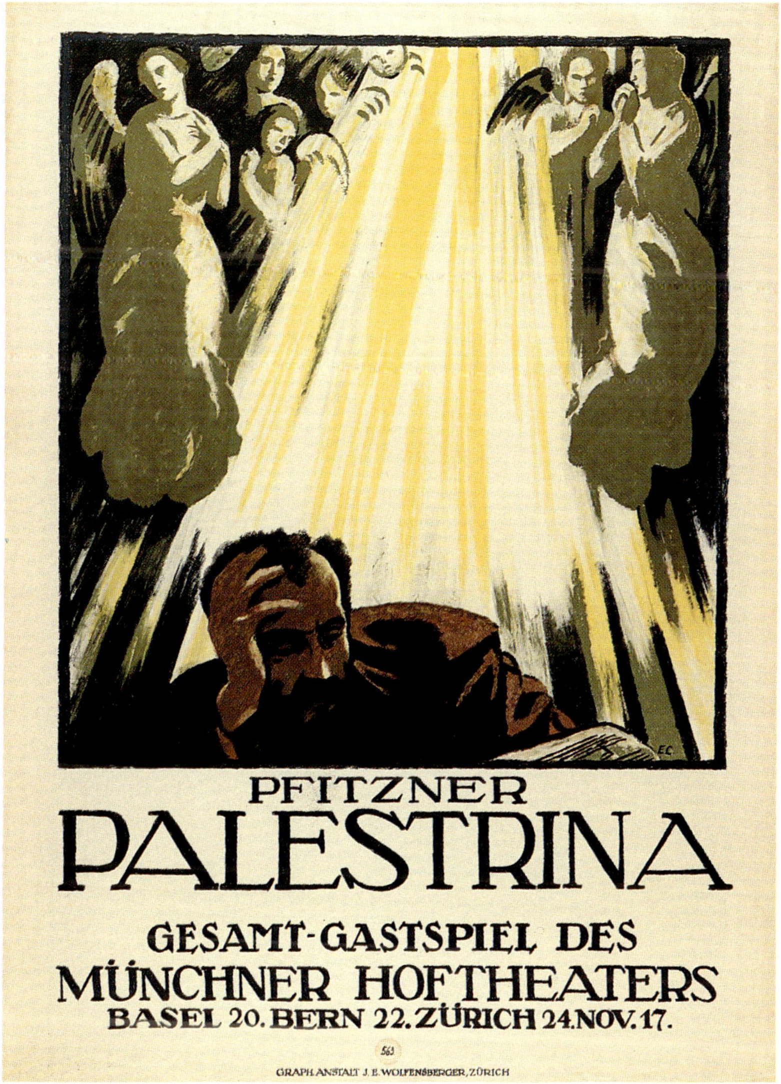
PFITZNER
PALESTRINA
GESAMT-GASTSPIEL DES
MÜNCHNER HOFTHEATERS
BASEL 20. BERN 22. ZÜRICH 24. NOV. 17.
GRAPH. ANSTALT J. E. WOLFENSBERGER, ZÜRICH

10 Jean Morax
ALIÉNOR
1910

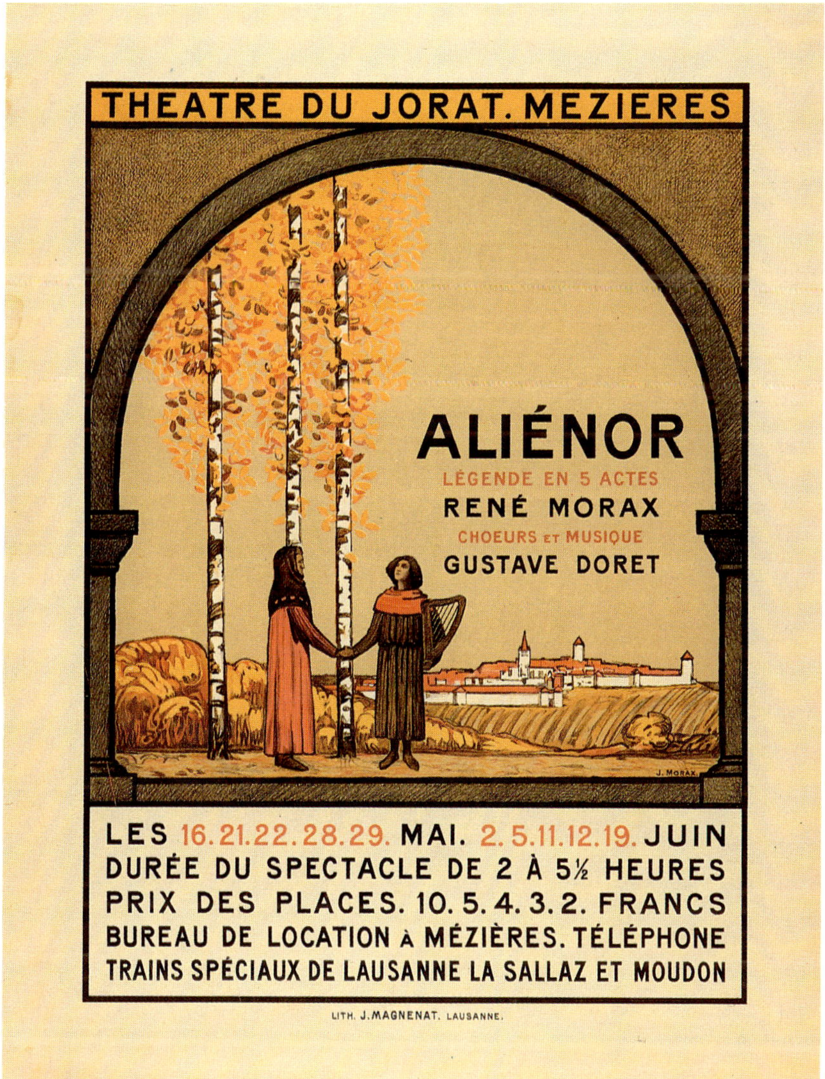
THEATRE DU JORAT. MEZIERES
ALIÉNOR
LÉGENDE EN 5 ACTES
RENÉ MORAX
CHOEURS ET MUSIQUE
GUSTAVE DORET
J. MORAX
LES 16. 21. 22. 28. 29. MAI. 2. 5. 11. 12. 19. JUIN
DURÉE DU SPECTACLE DE 2 À 5½ HEURES
PRIX DES PLACES. 10. 5. 4. 3. 2. FRANCS
BUREAU DE LOCATION À MÉZIÈRES. TÉLÉPHONE
TRAINS SPÉCIAUX DE LAUSANNE LA SALLAZ ET MOUDON
LITH. J. MAGNENAT. LAUSANNE.

11 Jean Morax
LE ROI DAVID
1921

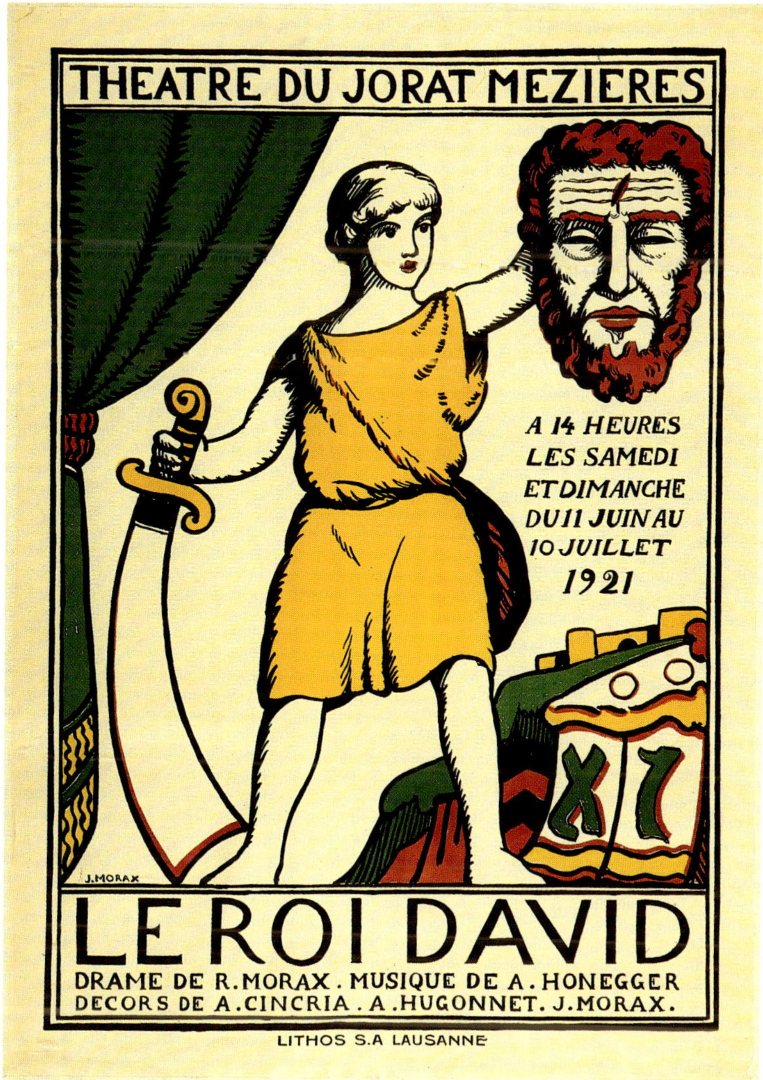
THEATRE DU JORAT MEZIERES
A 14 HEURES
LES SAMEDI
ET DIMANCHE
DU 11 JUIN AU
10 JUILLET
1921
J. MORAX
LE ROI DAVID
DRAME DE R. MORAX. MUSIQUE DE A. HONEGGER
DECORS DE A. CINCRIA. A. HUGONNET. J. MORAX.
LITHOS S.A LAUSANNE

12 Marie Jaccard
L'ARLÉSIENNE
1922

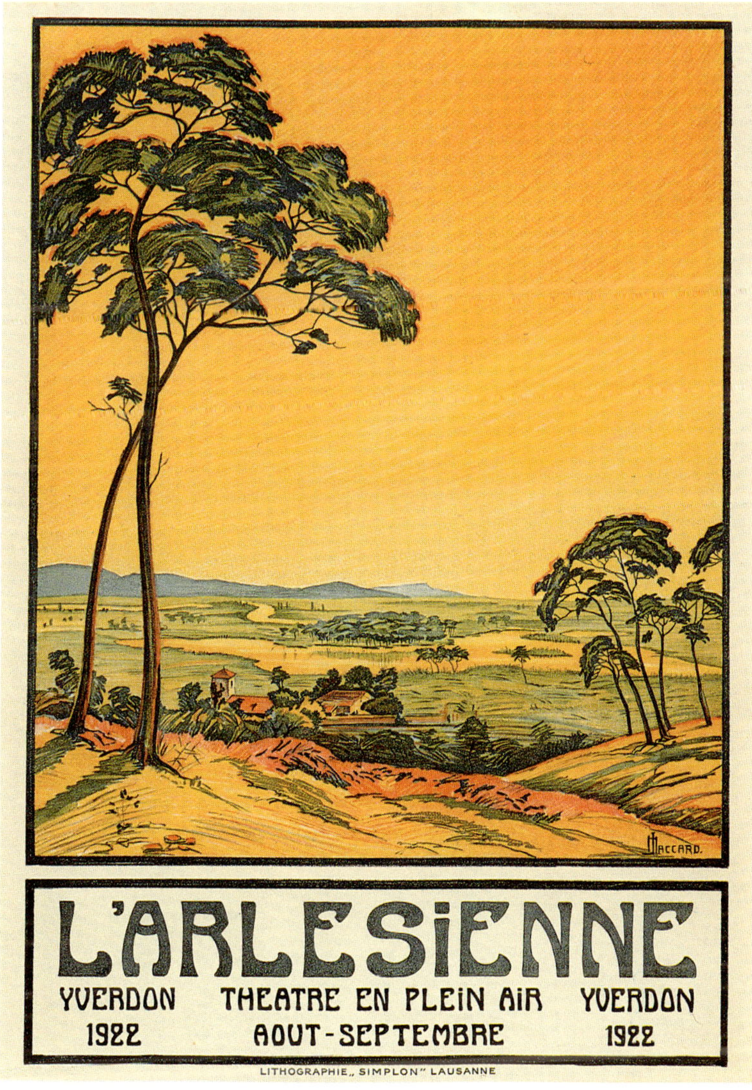
L'ARLESiENNE
YVERDON
1922
THEATRE EN PLEiN AiR
AOUT-SEPTEMBRE
YVERDON
1922
LITHOGRAPHIE „SIMPLON" LAUSANNE

13 Ernst Würtenberger
MARIGNANO
1911

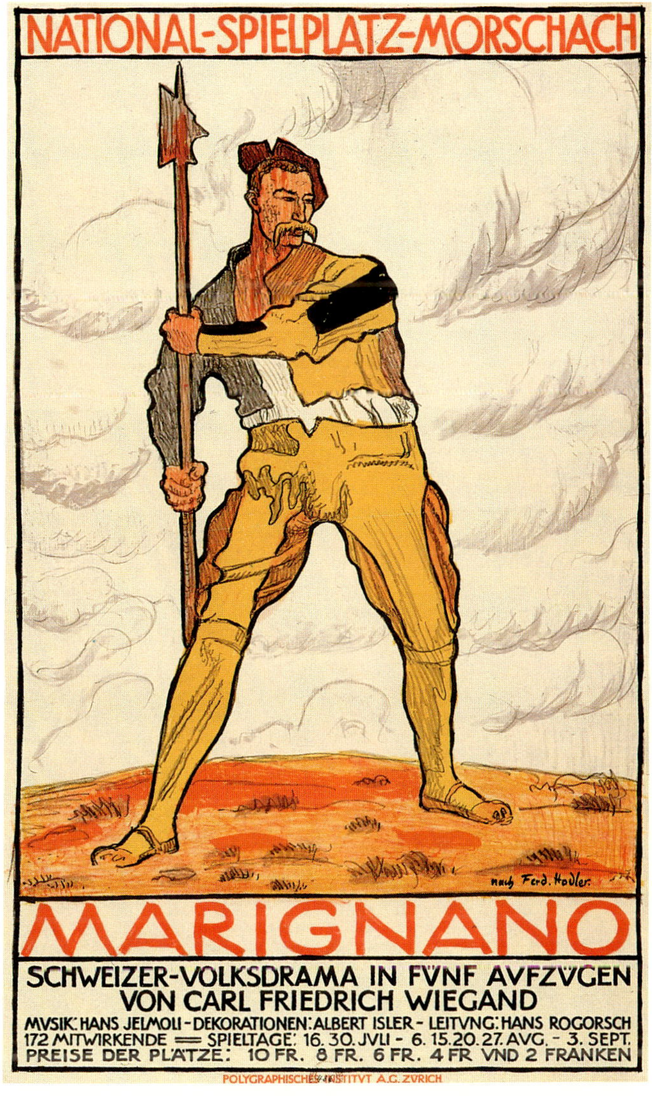
NATIONAL-SPIELPLATZ-MORSCHACH
nach Ferd. Hodler.
MARIGNANO
SCHWEIZER-VOLKSDRAMA IN FVNF AVFZVGEN
VON CARL FRIEDRICH WIEGAND
MVSIK: HANS JELMOLI - DEKORATIONEN: ALBERT ISLER - LEITVNG: HANS ROGORSCH
172 MITWIRKENDE == SPIELTAGE: 16. 30. JVLI - 6. 15. 20. 27. AVG. - 3. SEPT.
PREISE DER PLÄTZE: 10 FR. 8 FR. 6 FR. 4 FR VND 2 FRANKEN
POLYGRAPHISCHES INSTITVT A.G. ZVRICH

14 Walter Roshardt
WILHELM TELL
1919

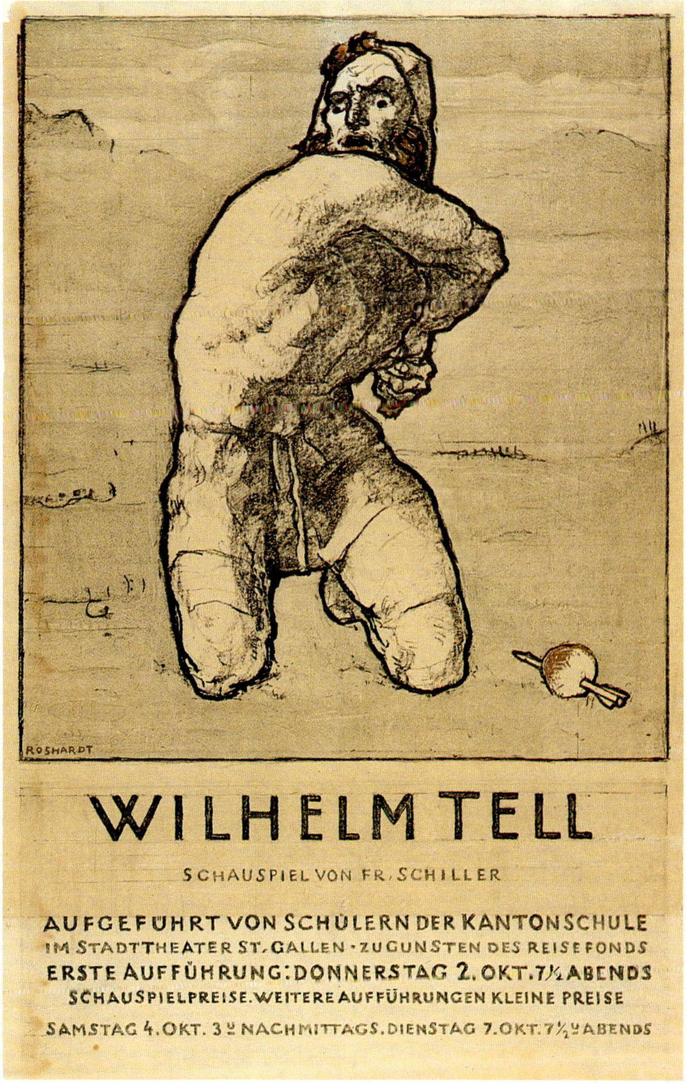
ROSHARDT
WILHELM TELL
SCHAUSPIEL VON FR. SCHILLER
AUFGEFÜHRT VON SCHÜLERN DER KANTONSCHULE
IM STADTTHEATER ST. GALLEN · ZUGUNSTEN DES REISEFONDS
ERSTE AUFFÜHRUNG: DONNERSTAG 2. OKT. 7½ ABENDS
SCHAUSPIELPREISE. WEITERE AUFFÜHRUNGEN KLEINE PREISE
SAMSTAG 4. OKT. 3 U NACHMITTAGS. DIENSTAG 7. OKT. 7½ U ABENDS

15 Fritz Boscovits
MARYA DELVARD / MARC HENRY
1911

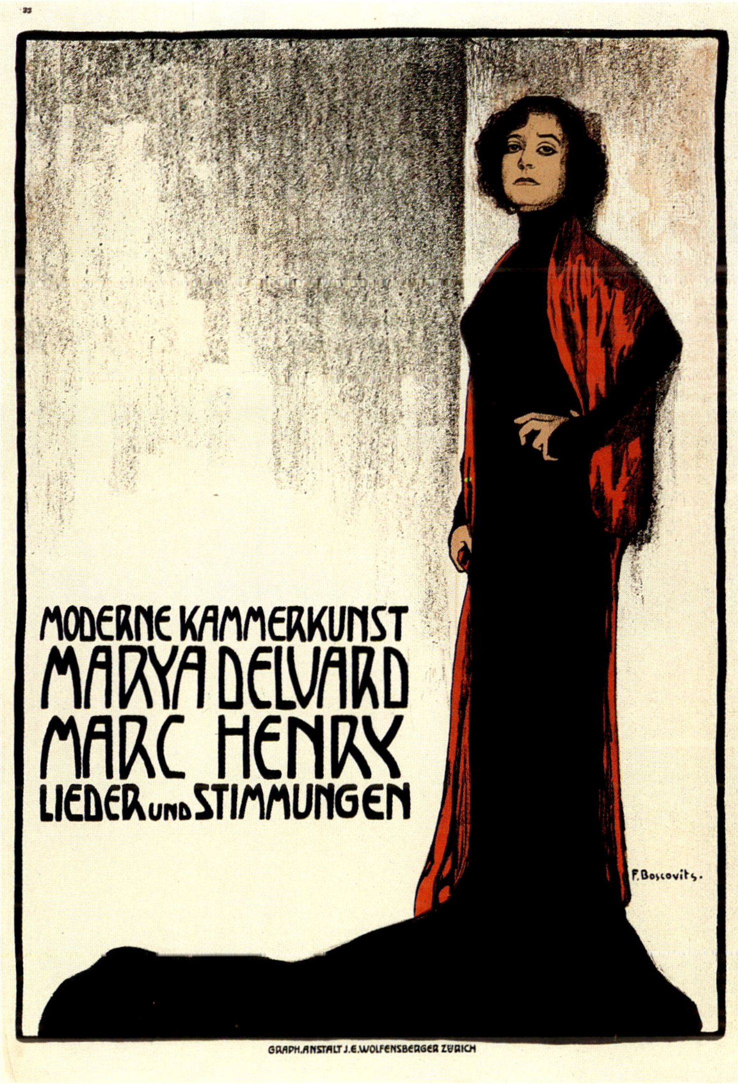
MODERNE KAMMERKUNST
MARYA DELVARD
MARC HENRY
LIEDER UND STIMMUNGEN
F. Boscovits.
GRAPH. ANSTALT J. E. WOLFENSBERGER ZÜRICH

16 Laurent F. Keller
MARY WIGMAN
1919

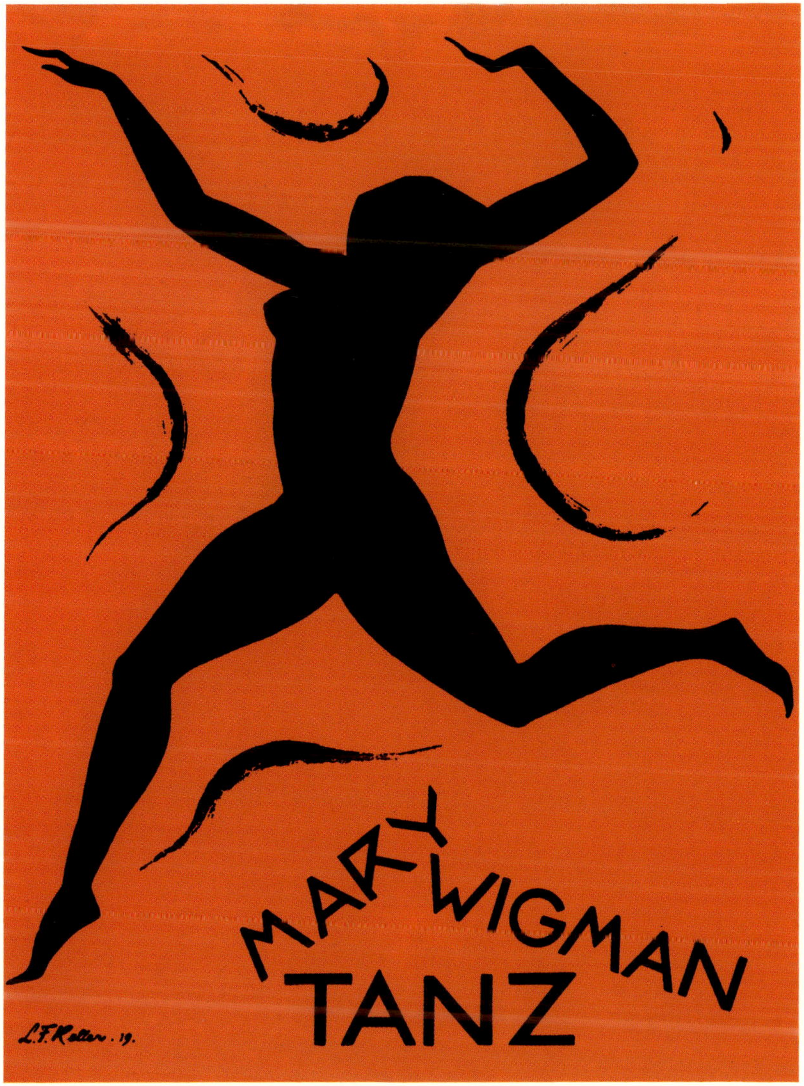
MARY WIGMAN
TANZ
L.F. Keller. 19.

17 Ernst Stern
KÖNIG OEDIPUS
1911

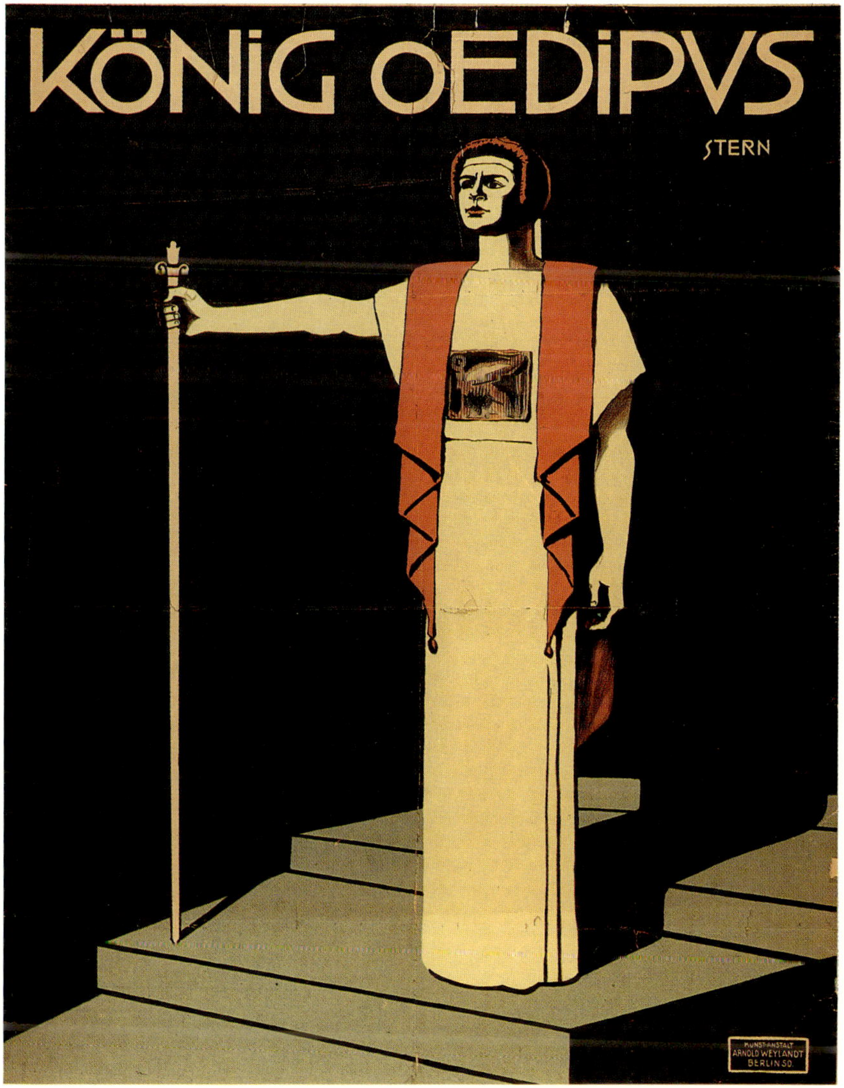
KÖNIG OEDIPUS
STERN
KUNST-ANSTALT
ARNOLD WEYLANDT
BERLIN SO.

18 Otto Baumberger
ORESTEIA
1917

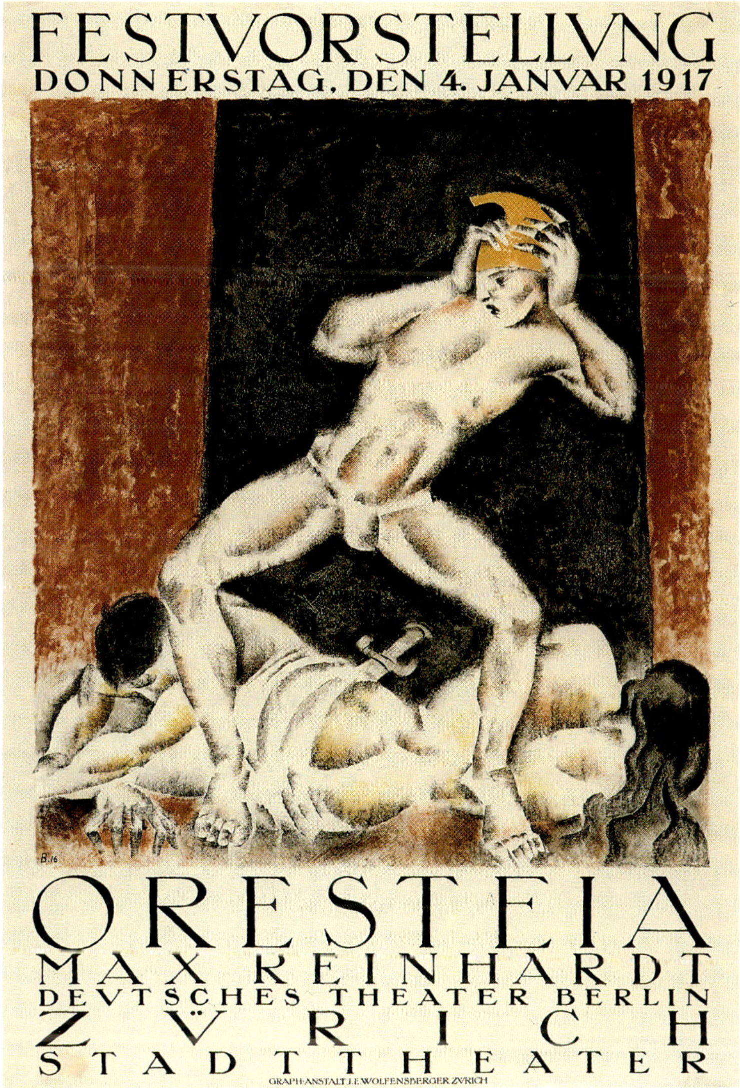
FESTVORSTELLVNG
DONNERSTAG, DEN 4. JANVAR 1917
B.16
ORESTEIA
MAX REINHARDT
DEVTSCHES THEATER BERLIN
ZVRICH
STADTTHEATER
GRAPH-ANSTALT J.E. WOLFENSBERGER ZVRICH

19 Otto Baumberger
KAIN UND ABEL / DIE BIENE
1917

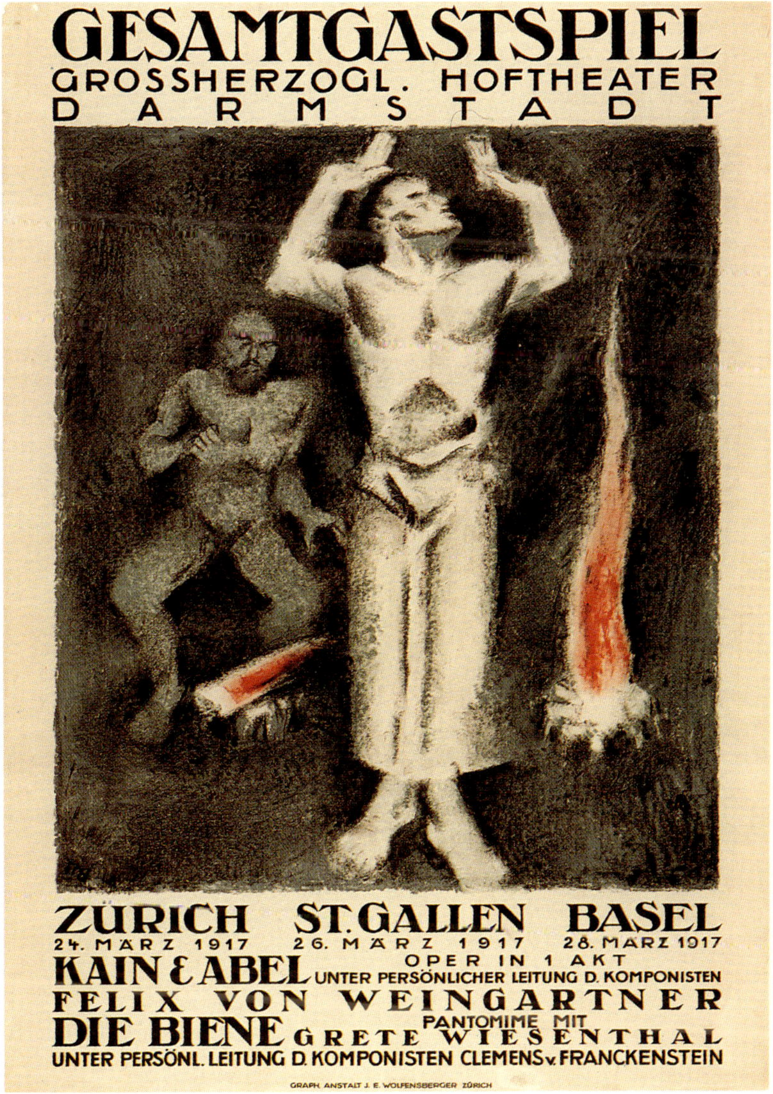
GESAMTGASTSPIEL
GROSSHERZOGL. HOFTHEATER
DARMSTADT
ZÜRICH ST. GALLEN BASEL
24. MÄRZ 1917 26. MÄRZ 1917 28. MÄRZ 1917
KAIN & ABEL OPER IN 1 AKT UNTER PERSÖNLICHER LEITUNG D. KOMPONISTEN
FELIX VON WEINGARTNER
DIE BIENE PANTOMIME MIT GRETE WIESENTHAL
UNTER PERSÖNL. LEITUNG D. KOMPONISTEN CLEMENS v. FRANCKENSTEIN
GRAPH. ANSTALT J. E. WOLFENSBERGER ZÜRICH

20 Otto Baumberger
MEDEA
1917

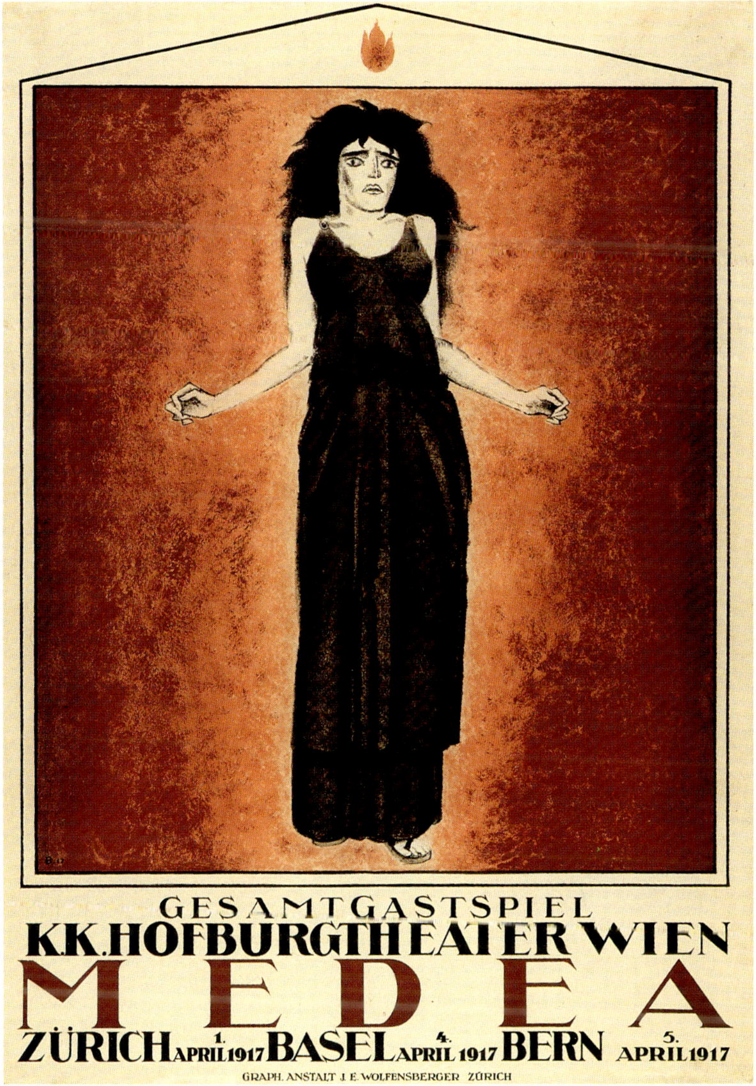
GESAMTGASTSPIEL
K.K. HOFBURGTHEATER WIEN
MEDEA
ZÜRICH 1. APRIL 1917 BASEL 4. APRIL 1917 BERN 5. APRIL 1917
GRAPH. ANSTALT J. E. WOLFENSBERGER ZÜRICH

21 Otto Baumberger
ARTHUR NIKISCH
1917

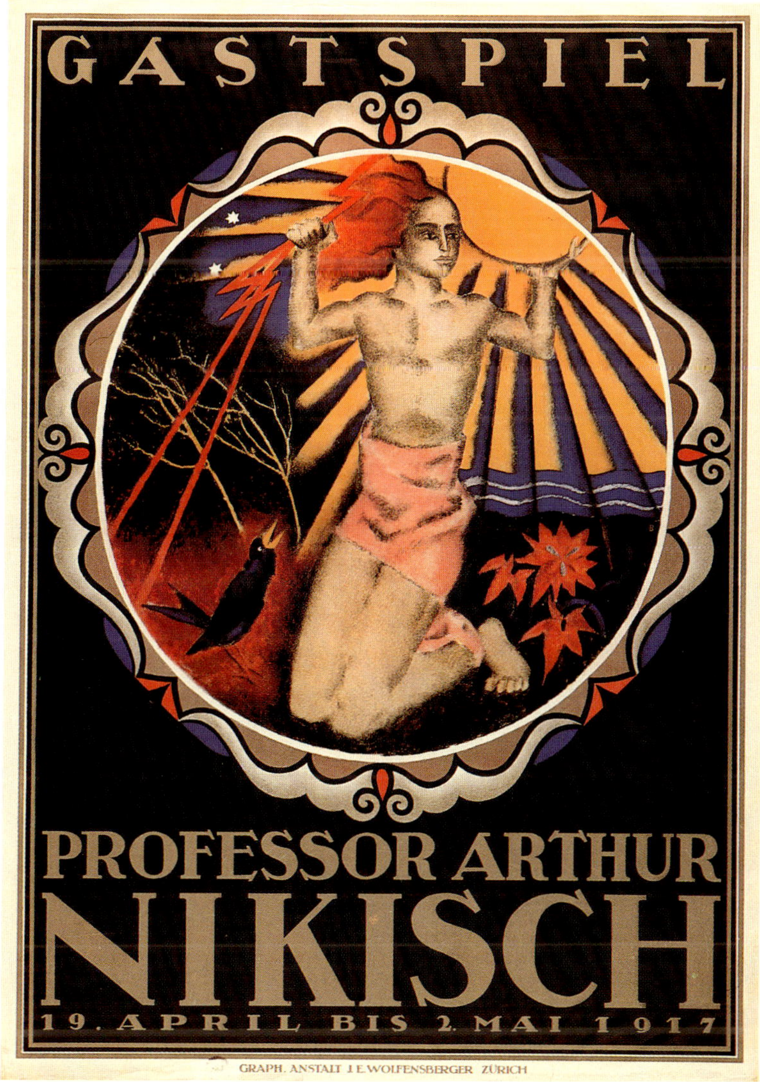
GASTSPIEL
PROFESSOR ARTHUR
NIKISCH
19. APRIL BIS 2. MAI 1917
GRAPH. ANSTALT J. E. WOLFENSBERGER ZÜRICH

22 Otto Baumberger
ORCHESTER OLAH
1915

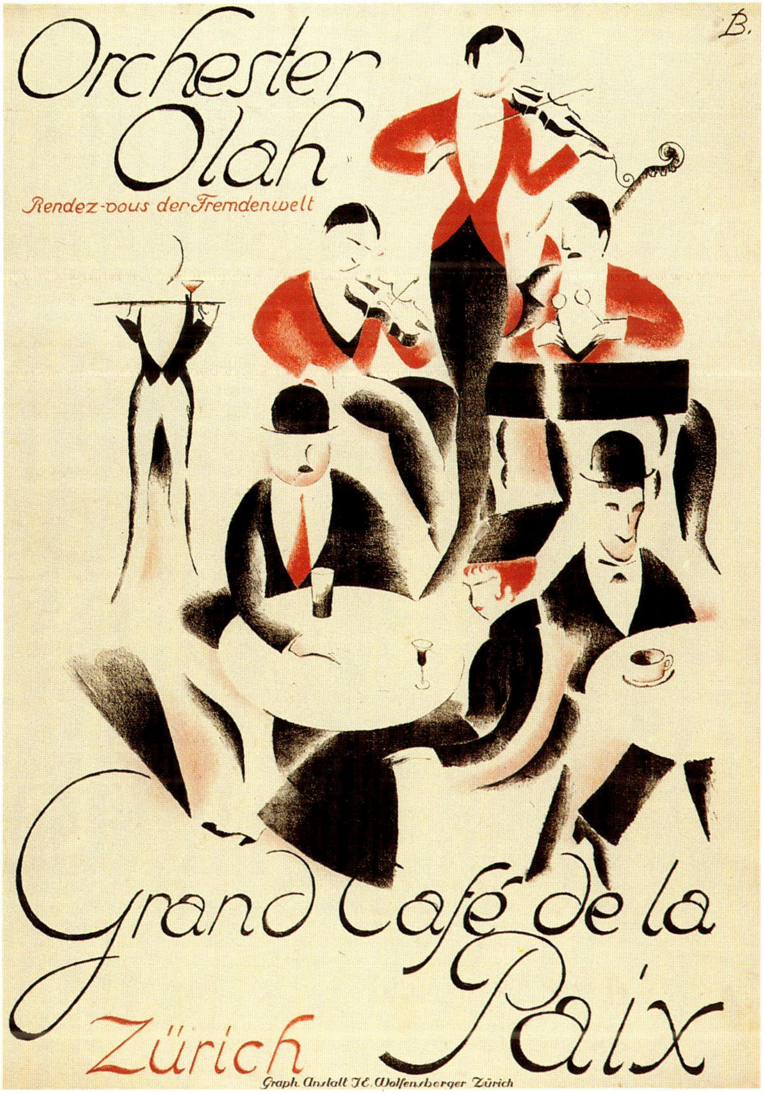
B.
Orchester Olah
Rendez-vous der Fremdenwelt
Grand Café de la Paix
Zürich
Graph. Anstalt J.E. Wolfensberger Zürich

23 Paul Scheurich
MASKENBALL
1914

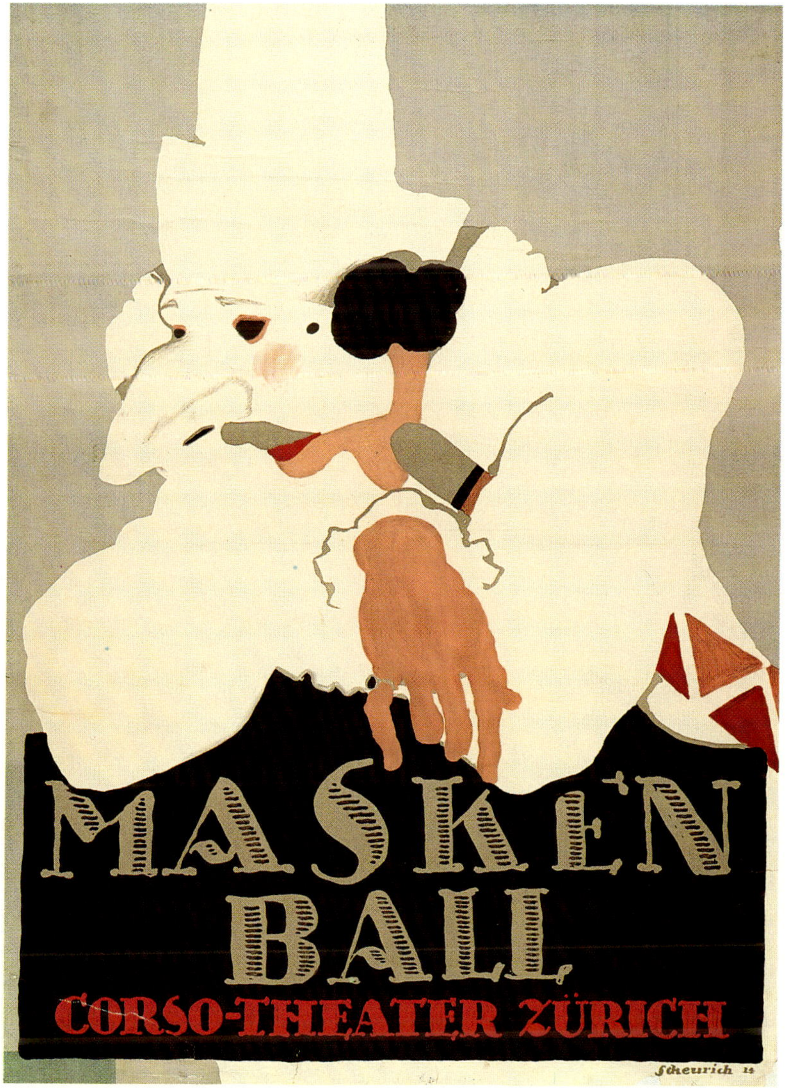
MASKEN
BALL
CORSO-THEATER ZÜRICH
Scheurich 14

24 Paul Leni
OTAKE
1925

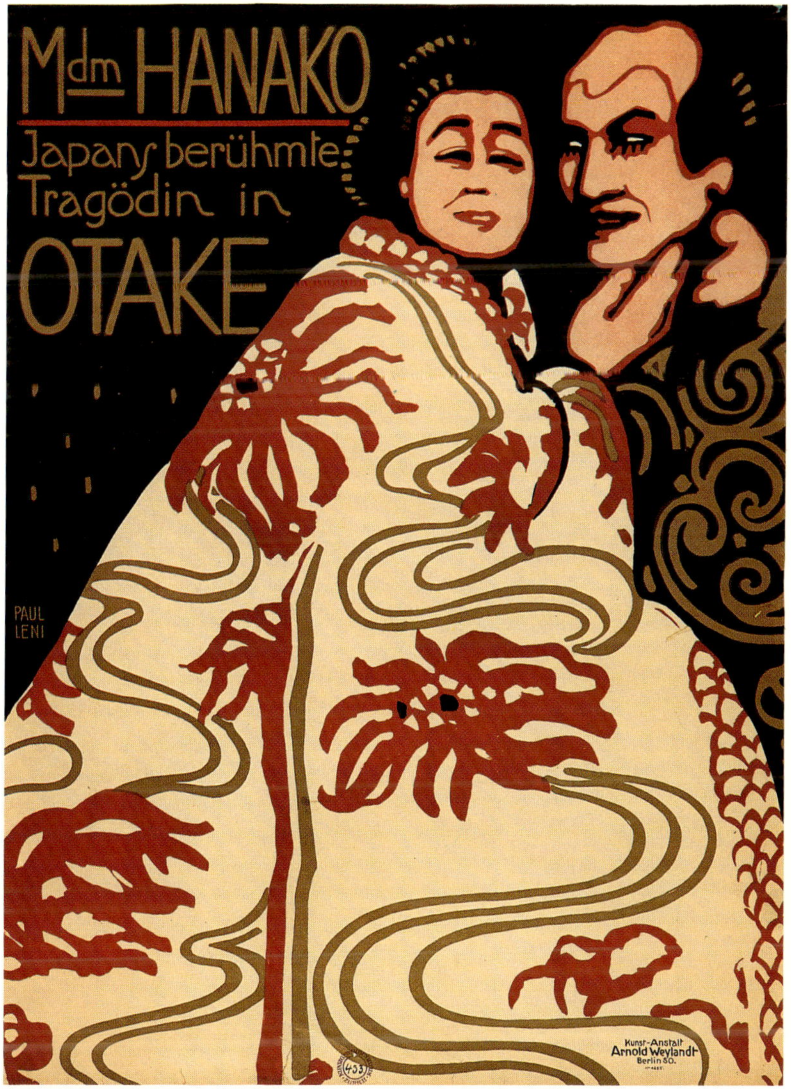
Mdm HANAKO
Japans berühmte
Tragödin in
OTAKE
PAUL
LENI
Kunst-Anstalt
Arnold Weylandt
Berlin SO.

25 Maurice Barraud
EXPOSITION RETROSPECTIVE
1916

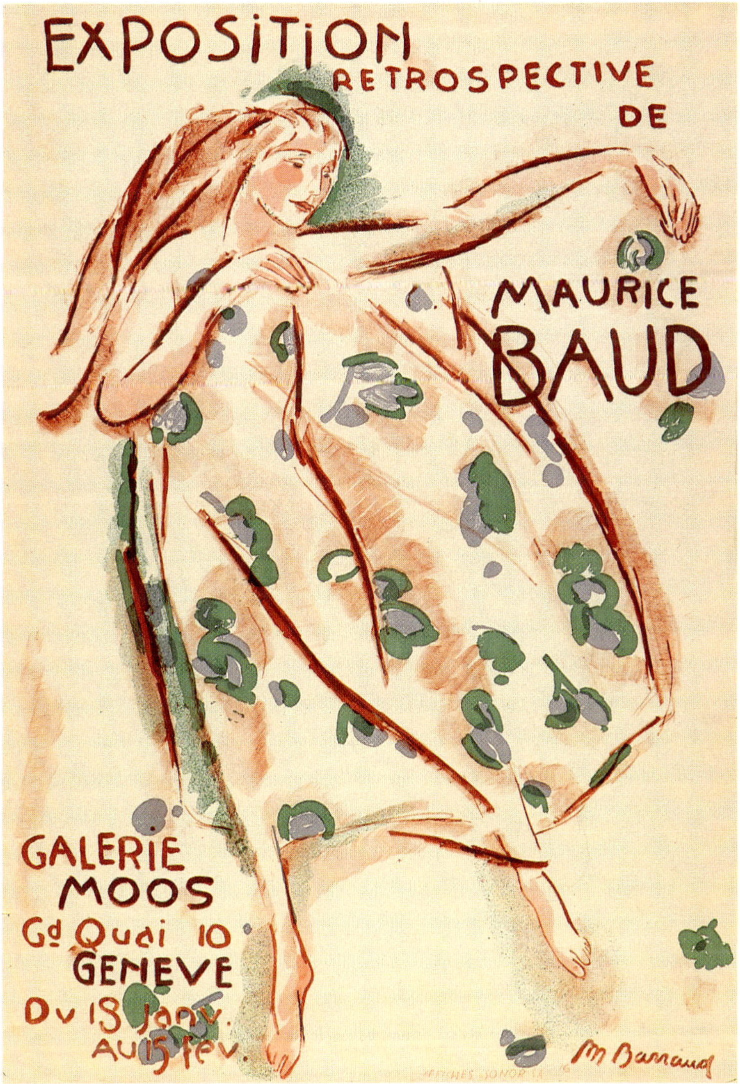
EXPOSITION
RETROSPECTIVE
DE
MAURICE
BAUD
GALERIE
MOOS
Gd Quai 10
GENEVE
Du 18 Janv.
Au 15 fev.
M Barraud

Legenden
Captions

1 Ausstellungen zum Theater sind von Grund auf problematisch; zu oft gelingt nichts mehr als eine trockene Inventarisierung, gerät das Spiel, der lebendige Akt, zum toten Museum. Angeregt vom Zürcher Intendanten Alfred Reucker, hatte man sich diesmal Anderes, Neues vorgenommen. Anstatt zufrieden und selbstvergessen die Vergangenheit zu feiern, sollte dem Theater der Zukunft alles Augenmerk gelten. Kernpunkt der Ausstellung bildete so das szenische Werk Gordon Craigs und Adolphe Appias. Um diesen Kern baute Reucker die Arbeiten anderer, jüngerer Reformer auf, so daß die Ausstellung einen reichen Überblick zur Avantgarde der Zeit bot. Es war zudem ein erklärtes Ziel der Veranstalter, über den engen Kreis der Fachleute hinaus den Laien anzusprechen. Die ungewöhnlich hohen Besucherzahlen bezeugen, daß dieses Ziel erreicht wurde. Das offene, aktive Beispiel dieser Ausstellung war bahnbrechend und hat bis heute für ähnliche Unternehmen als Vorbild und Ansporn gedient.

Theatre exhibitions are inherently problematic, for all too often they do not go beyond a mere and dry inventory: the living act, all playfulness, is caught in a dead museum. Alfred Reucker, the director of the Zurich theatre, had something different in mind. Instead of celebrating the past in unproductive nostalgia, all the energies were to be aimed at the theatre of the future. Thus the work of Gordon Craig and Adolphe Appia was chosen to form the centre of all displays. Around this centre Reucker arranged the work of other, younger reformers, so that the exhibition as a whole offered a rich panorama of the avantgarde. In addition, Reucker attempted to reach an interested lay audience far beyond the narrow circle of specialists. The record-high ticket-sales convincingly prove that this aim was reached. The open, active example of this exhibition has become a model for similar ventures right up to the present day.

2 Die Aufführungsgeschichte von Frank Wedekinds **Frühlings Erwachen** ist leidvoll und lang. Das Stück war 1890 entstanden und kam im folgenden Jahr zum Druck. Junge Schauspieler begeisterten sich sofort für den Text, aber ihr Einsatz blieb vergeblich: die Drohung der wilhelminischen Zensur und die Mutlosigkeit der Theaterleiter ließen jede geplante Aufführung scheitern. So versuchte der Autor, selber die Zügel in die Hand zu nehmen und die Uraufführung zu wagen. Mit Alfred Reucker, dem neuen Zürcher Intendanten, bereitete er für das Frühjahr 1901 eine Schweizer Tournee vor, die von Zürich ausgehend nach Basel und Bern führen sollte. Das Stück wurde besetzt, die Bühnenbilder entworfen, die Kostüme genäht, und Edmund Edel schuf das so wirksame Plakat des blühenden, verblühenden Baumes. Dann plötzlich platzte das Unternehmen: nach der unvermuteten Absage der Basler und Berner wurde die Aufführung ökonomisch untragbar. Ängstlichkeit hatte gesiegt: was ein schweizerisches, europäisches Theaterereignis hätte werden können, war kleinlich vertan. Erst fünf Jahre später, unter Max Reinhardt, kommt das Stück in Berlin zu seinem Recht.

The performance history of Frank Wedekind's **Frühlings Erwachen** is bitter and long. The play had been written in 1890 and was published one year later. Young actors immediately seized upon the text, but their enthusiasm was soon dampened; both the threat by the imperial censor and the cowardice of theatre managers made any production improbable. Consequently, Frank Wedekind decided to move ahead on his own. With Alfred Reucker, the newly appointed theatre director in Zurich, he planned a Swiss tour in the spring of 1901, which was to travel from Zurich to Basle and Berne. The play was cast, the set designed, costumes were sewn and Edmund Edel produced the striking poster with its blossoming, unblossoming tree. Then, all of a sudden, preparations came to an abrupt end: after Basle and Berne had unexpectedly breached their contracts, the production was economically no longer viable. Fear had won: what could have become a Swiss theatre event in a European context was brutally undercut. Five years later, under Max Reinhardt's direction, the play could finally be staged.

3 Nach alter Tradition spielten die Schweizer Stadttheater im Dezember jeweils ein Weihnachtsmärchen. In Zürich hatte man sich 1909 für das Grimmsche Märchen vom **Prinz Goldhaar** entschieden. Die Anregung dazu war vom Maler Willy F. Burger ausgegangen. Fünf Jahre zuvor hatte er bei einem Besuch in London *Peter Pan* gesehen; den bildnerischen Zauber dieser Aufführung wollte er nun mit eigenen Mitteln nachvollziehen. Um das Fremde, Traumhafte des Geschehens zu betonen, ließ Burger sowohl die Spieler wie auch die Versatzstücke durchwegs nur als Silhouette vor einem hell-silbernen Horizont erscheinen. Elfenreigen und Fackelumzug, Hochzeitstanz und Gänsemarsch waren so ins Unwirkliche überhöht, zum Märchen verzaubert. Im Verzicht auf jede Tiefenwirkung und in der verhaltenen Farbigkeit zeigte sich Willy Burgers enger Bezug zum Jugendstil. Sein Plakat für **Prinz Goldhaar** ist zudem auch vom Typographischen her deutlich vom Ideal des Jugendstils mitbestimmt.

Following an old tradition, the Swiss municipal theatres annually produced a Christmas tale in December. For the year 1909 the Zurich playhouse had selected the story of **Prinz Goldhaar** from the Brothers Grimm collection. The initial idea for this choice had come from the painter Willy F. Burger. Five years earlier he had seen *Peter Pan* during a visit to London; now he wished to emulate the scenic splendour with his very own means. In order to accentuate the alien and dreamlike element of the story, Burger had both the players and the set pieces appear throughout the action as mere silhouettes in front of a light, silvery backdrop. The round of the elves, the wedding march and the procession of geese thus seemed transposed, transfigured into the heightened reality of a dream. The rejection of any perspective view and the subdued colouring were evidence of Willy Burger's close relation to the Art Nouveau. In its lettering the poster for **Prinz Goldhaar** shows a clear debt to the typography of the Jugendstil.

4 Die hohen Kosten des Vierfarbendrucks zwangen manches Theater dazu, billigere Wege der Werbung zu gehen, ohne dabei an Breitenwirkung einzubüßen. Der Rahmendruck bot sich hier als klare, vernünftige Lösung an. Anstatt für jede neue Inszenierung ein eigenes Plakat zu drucken, beschränkte man sich auf einen wirksamen Rahmen, in den jeweils die typographisch gesetzten Wochenpläne geklebt wurden. Das hatte den Vorteil, nicht nur die Kosten deutlich zu verringern, sondern dem Plakat durch den wiederholten Gebrauch einen fast emblematischen Charakter zu verleihen. Da Rahmenplakate oft über Jahre beibehalten wurden, mußten sie von erfahrenen, wirkungssicheren Künstlern gestaltet sein. Das Berner Stadttheater berief dazu den an der Kuntgewerbeschule lehrenden Ernst Linck. Sein von der Glasmalerei des Jugendstils bestimmter Rahmendruck erwies sich dabei als so geglückt, daß er ein knappes Jahrzehnt lang in Gebrauch blieb.

The high costs of multi-colour printing forced quite a few theatres to look for cheaper means of advertising without losing any of the desired impact. The so-called frame-print offered itself as a clear, effective solution. Instead of printing a new poster for each new production, one simply relied on an effective frame, into which the typographically set playbills of the week could be glued. This not only reduced the costs, but infused the poster by its repeated use with an almost emblematic power. As these frame-prints were commonly in use for a number of years, they had to be designed by experienced artists. The Municipal Theatre of Berne commissioned Ernst Linck, who taught as a Professor at the School of Arts and Trades. The frame-print he submitted was clearly influenced by the glass-painting of the Art Nouveau; it proved so convincing that it was kept in circulation for almost a decade.

5 Während des Krieges wurden alle öffentlich subventionierten Theater dazu verpflichtet, regelmäßig Aufführungen anzusetzen, deren Erlös dem Soldatenwerk zukam. Auch das Basler Stadttheater war diesem Aufruf wiederholt gefolgt; mit Bezug auf Basel als Stadt so vieler Verlage förderte man dabei die Lesestuben für Soldaten, die im ganzen Land eingerichtet worden waren. Zum Ende der Spielzeit von 1916 kam so im benachbarten Musiksaal ein Märchenspiel zur Aufführung, das Motive von Hans Christian Andersen und den Gebrüdern Grimm kunstvoll verarbeitete. Um den Akt der Gemeinschaft zu betonen, bezog das Stadttheater an die hundert Laienspieler in die Aufführung ein. Für Bild und Kostüm war Burkhard Mangold verantwortlich. Mit pastellartig sanften Farben, durch gedämpftes Licht und im Gebrauch von weichen, fließenden Stoffen entwarf er eine Welt von verzauberten Prinzen, Elfen und wilden Schwänen. Die zwei Aufführungen waren ausverkauft, und so konnten für knapp 9000 Franken neue Bücher erstanden werden.

During the war all publicly funded theatres were encouraged to include shows the revenue of which was to benefit the soldiers' fund. The Municipal Theatre of Basle had repeatedly answered this call; in a direct reference to Basle as a city of publishing, the theatre had decided to support the soldiers' libraries which had been set up in different parts of the country. Thus at the end of the season of 1916, a play was performed that combined motifs from the works of Hans Christian Andersen and the Brothers Grimm. In order to highlight the event as a communal enterprise, almost a hundred amateurs were integrated into the professional cast. Burkhard Mangold was responsible for set and costumes. With gentle, pastel colours, muted lighting and by using soft, flowing fabric, he evoked a world of transformed princes, of elves and wild swans. Both performances were sold out, and so almost 9000 francs could be spent on the purchase of books.

6 Seit der Uraufführung im Juli 1882 hatten sich die führenden Opernhäuser darum beworben, den **Parsifal** aufzuführen. Richard Wagners Bann aber machte dies unmöglich: Bayreuth allein sollte der Ort für das Weihefestspiel bleiben. Nach hartem Drängen und immer erneuter Vorsprache bei den Erben gelang dem Zürcher Intendanten Alfred Reucker der Durchbruch: 1913 konnte der **Parsifal** endlich außerhalb Bayreuths in Szene gehen. Bei der Bildgestaltung ließ sich Gustav Gamper vom Grundsatz leiten, aller falschen Mystik entgegenzuwirken. «Kein Weihrauch!» notierte er in sein Arbeitsbuch. Unaufdringliche Farben bestimmten Bild und Kostüm; nur so, hoffte er, konnte die wunderliche Geschichte schlicht und klar erzählt werden. Das Plakat von Ernst Georg Rüegg schließt sich diesem Zug zu Herbheit und Strenge an.

Since its first production in July 1882, leading opera houses had requested the rights to stage **Parsifal.** But Richard Wagner's strict ban had made this impossible: Bayreuth, and Bayreuth alone, should remain the shrine of this ceremonial *Festspiel.* After insistent pleas and some tactical maneuvering, Alfred Reucker, the director of the Zurich theatre, finally succeeded: in 1913 **Parsifal** could at last be staged outside the temple of Bayreuth. In designing the set, Gustav Gamper was guided by a wish to avoid all foggy mysticism. "No incense!" he noted in his journal. Unobtrusive, subdued colours thus characterized set and costumes; only in this manner could he hope to recount the miraculous story with any clarity and strength. Ernst Georg Rüegg's poster follows a similar principle of severity and containment.

7 Als Richard Strauss 1912 sein Schweizer Gastspiel gab, stand er auf dem Höhepunkt seines Ruhmes. Ein Jahr zuvor war *Der Rosenkavalier* uraufgeführt worden, und Max Steinitzers Biographie hatte durch die ungewöhnlich hohe Auflage eine sehr weite Verbreitung gefunden. So war denn das Gastspiel in Bern lange im voraus ausverkauft. Der Anlaß war als Konzert angekündigt; doch zur Überraschung der Zuhörerschaft und zum Unmut der Rezensenten war der Abend dramatisch bereichert, wurde das Konzert zu musikalischem Theater. Auf Anregung des Berner Bildhauers Werner Koller sollte nämlich versucht werden, die beiden symphonischen Dichtungen tänzerisch zu interpretieren. Auf zwei Podien, die das Orchester flankierten, und auf dem verbindenden Holzsteg verlieh Koller selber im Solotanz den beiden Musikstücken sichtbare Gestalt. Für Richard Strauss blieb dies ein einmaliger, unglückseliger Versuch. Schmerzhaft hatte er die sich gegenseitig ausschließende Eigengesetzlichkeit von Konzertpodium und Spielbühne erkannt. Emil Cardinaux' Plakat, lange vor Kollers Plan geschaffen, zeigt Zarathustra bei seiner nächtlichen Wanderung.

When Richard Strauss visited Switzerland in 1912, he was at the peak of his public recognition. Only one year earlier the *Rosenkavalier* had opened at the Dresden Opera House and Max Steinitzer's biography was enjoying a phenomenal success. It is not surprising, then, that the concert in Berne was sold out long in advance. The event had indeed been advertised as a concert; but to the surprise of the audience and the consternation of the critics the evening had been dramatically enriched: the concert was transmuted into a curious form of musical theatre. At the instigation of the sculptor Werner Koller an attempt had been made to interpret two of Strauss' symphonic poems by the means of dance. On two low scaffolds that flanked the orchestra and on a connecting wooden bridge Koller himself brought the pieces to theatrical life by his solo dance. Richard Strauss, however, remained unconvinced; in a painful realisation he had discovered that concert hall and theatre stage followed two radically different sets of rules. Emil Cardinaux's poster, conceived long before Koller's plan, shows Zarathustra on his nightly migrations.

8 Selbst in Zeiten höchster Beanspruchung durch das Komponieren ist Richard Strauss seiner Arbeit als Dirigent treu geblieben. Gerade das Opernwerk Mozarts hat ihn immer von neuem angelockt. Beim Schweizer Gastspiel von 1917 stand er dabei einem arg zusammengewürfelten Ensemble vor. Im Orchester waren Musiker der Meininger und Dessauer Hofkapellen mit Kollegen aus Basel vereint, während die Gesangssolisten aus Hamburg, München, Berlin und Frankfurt kamen. Den Chor und die Tänzer wiederum stellten die jeweiligen Schweizer Stadttheater. Wie alle Kritiken einhellig bestätigen, gelang es Richard Strauss, diese bunte Schar zur Einheit zu zwingen. Gerade im **Don Juan,** wo die Ensembles von entscheidender Bedeutung waren, erschien das Ideal des Zusammenspiels meisterhaft verwirklicht. Bei der **Zauberflöte** bewunderte man das Zurückdrängen jedes falschen Pathos und die Deutung der Partitur als spielerisches Märchen.

Even in times when composing seemed to absorb all of his energies, Richard Strauss never neglected his work as a conductor. Particularly Mozart's operas kept his imagination alive. When he visited Switzerland in 1917 he presided over an unusually mixed crew. In the orchestra musicians from the *Hofkapelle* of Meiningen and Dessau performed with their colleagues from Basle, while the singers had been recruited from the opera houses of Hamburg, Munich, Berlin and Frankfurt; chorus and dancers were supplied by Swiss municipal theatres. As all extant reviews confirm, Richard Strauss nevertheless managed to achieve an unusual sense of balance and cohesion. This was particularly evident in **Don Juan**; here the ensemble scenes had been realized with masterful precision. In **The Magic Flute** the reviewers admired Strauss' rejection of any false profundity and the interpretation of the score as a playful fairy-tale.

9 Nach der umjubelten Münchner Uraufführung von Hans Pfitzners **Palestrina** im Juni 1917 versuchten alle führenden Opernhäuser, sich diese *musikalische Legende* für ihr Repertoire zu sichern. Auch Basel hatte eine Inszenierung geplant, entschied sich aber dann zur Übernahme der wegweisenden Ur-Inszenierung, die der Komponist selber geleitet hatte. So gastierte das Münchner Hoftheater Ende November 1917 zunächst in Basel, dann noch in Bern und Zürich. Der Empfang war stürmisch, die Zustimmung der Kritik einhellig. Man bewunderte dabei Pfitzners sichere, ganz theaterwirksame Hand als Regisseur. Das Konzil von Trient etwa, mit seiner ins Groteske verzerrten Galerie von Würdenträgern; die geheimnisvollen Erscheinungen, die Palestrinas Phantasie bestürmen; besonders aber die Engelstreppe aus Licht sind älteren Theaterbesuchern noch heute in Erinnerung. Die Spitze der damaligen Sängerschaft war hier zu hören: Marie Ivogün als Ighino, Emmy Krüger als Silla und Karl Erb in der Titelrolle. Als Dirigent amtete Bruno Walter.

After the first triumphant performance of Hans Pfitzner's **Palestrina** in 1917, all leading opera houses tried to secure the rights for this *Musical Legend.* Basle, too, had planned a staging of its own, but then decided to invite cast and crew of that very first production which the composer had directed himself. Thus in November 1917 the Munich Court Theatre performed first in Basle and then moved on to Berne and Zurich. The reception by the audience in all three cities was enthusiastic, while the reviews were unanimously positive. One particularly admired Pfitzner's experienced and secure hand as a director. The Council of Trent, for example, with its grotesquely drawn gallery of dignitaries; the mysterious apparitions that haunt Palestrina's imagination; but above all the angels descending on a staircase of light: these remain vivid memories for older theatregoers even today. The production employed some of the leading singers of the time: Marie Ivogün as Ighino, Emmy Krüger as Silla, and Karl Erb in the title role. Bruno Walter conducted.

10 Am 23. Mai 1908 hob sich im Waadtländer Dorf von Mézières zum ersten Mal der Vorhang zu einem Theaterspiel ganz besonderer Art. Der Dichter René Morax (1873–1963) und der Komponist Gustave Doret (1866–1943) hatten sich vorgenommen, dem Festspielgedanken im Sinne Rousseaus mit vollem Einsatz zu dienen. Frei von aller städtischen Unruhe und frei von ökonomischen Zwängen sollte hier auf dem Lande und aus der Landschaft ein Volkstheater in der echtesten Bedeutung des Wortes entstehen. Natur und Natürlichkeit waren auch dadurch betont, daß nur Laien mitspielten, mitsangen, mittanzten. Fest-Spiel und Volks-Spiel sollten hier eins werden. **Aliénor,** ein Gemeinschaftswerk der Gründer, wurde in der Spielzeit von 1910 zum ersten Mal gegeben. Es feiert und verklärt mit hymnischem Schwung die unbedingte Liebe der jungen Aliénor zum Kreuzritter Robert, der ins Heilige Land zieht und dort gefangen wird. Das Plakat stammt von Jean Morax, dem Bruder des Gründers, und hält den Abschied Roberts von seiner alten Heimat fest.

On the 23rd of May 1908 the small village of Mézières near Lausanne witnessed the opening of a new, unusual theatre. The poet René Morax (1873–1963) and the composer Gustave Doret (1866–1943) had joined forces to revive Rousseau's idea of the *Festspiel.* Free from all urban unrest, free from all economic pressures, a populist theatre in the true sense of the word should grow, quite literally, in and from the countryside. Nature and naturalness were further stressed, in that only non-professionals should perform. Festive play and folk play should here become one. **Aliénor,** a collaborative work by the two founders, was given its first performance in 1910. In exalted terms the play celebrates the unconditional love of the young Aliénor for Robert the Crusader, who becomes a prisoner in the Holy Land. The poster was designed by Jean Morax, the founder's brother, and depicts Robert's farewell from his old country.

11 Dank seiner anfeuernden Persönlichkeit war es René Morax immer wieder gelungen, die besten Kräfte für die Idee und das Ideal von Mézières zu gewinnen. Hier konnten Komponisten, Choreographen und Maler ohne den bedrängenden Zeitdruck städtischer Bühnen in aller Muße ihr Werk erarbeiten, erproben. Die Musiker verlockte zudem jene ganz außergewöhnliche Akustik, die schon bald sprichwörtlich war und von den großen Opernhäusern beneidet wurde. Im Holzbau von Mézières erklang jeder Ton in schönster sinnlicher Fülle und war doch von klarer, scharfer Reinheit. Für Arthur Honegger (1892–1955) schienen diese Arbeitsbedingungen ideal, und so kam sein erster dramatischer Versuch, **Le Roi David,** hier zur Uraufführung. Das eigentümliche Werk, teils Oper, teils Oratorium, mit seinen fünfundzwanzig Episoden und einer Hundertschaft von Sängern, streckte die Energien aller Beteiligten bis zur Grenze. Gerade darum wohl wurde **Le Roi David** zum größten Erfolg von Mézières und zum Ansporn für Honeggers weiteres Opernwerk.

Because of his inspiring enthusiasm, René Morax succeeded with an amazing regularity in attracting leading artists to contribute to the idea and ideal of Mézières. Here composers, choreographers and painters could test their work in all leisure, without any of the time constraints of municipal theatres. Particularly musicians were attracted, as the acoustics of the wooden theatre building proved to be excellent and soon became the envy of leading opera houses both at home and abroad. In Mézières every sound would reverberate in all its possible richness and at the same time be perfectly clean and sharp. All these circumstances seemed ideal to Arthur Honegger, and so his first dramatic attempt, **Le Roi David,** had its first performance here. The hybrid piece, partly opera, partly oratorio, with its twenty-five episodes and a cast of one hundred, stretched the energies of everyone involved right to the brink. Perhaps that is why **Le Roi David** became Mézières' greatest success and the incentive for Honegger's subsequent work.

12 Das sommerliche Freilichtspiel hatte in Yverdon eine lange Tradition. Schon aus der Zeit des *ancien régime* sind uns Aufführungen bezeugt, und seit der Jahrhundertwende erwuchsen diese dramatischen Anlässe zu eigentlichen Festspielen. Für 1922 hatte man sich an ein besonders großes Unternehmen gewagt. Die Idee hierzu ging von Jean Mignot aus, dem Leiter der Musikschule. Er hatte Alphonse Daudets **L'Arlésienne** recht eigenmächtig bearbeitet, indem er Szenen aus den **Lettres de mon Moulin** einflocht und den Fluß der Handlung mit bukolischen Liedern und Tanzeinlagen auflockerte. Eine geraffte Fassung von Bizets gleichnamiger Suite diente als dramatischer Auftakt. Mignot, der auch als Spielleiter wirkte, konnte szenisch aus dem Vollen schöpfen, da der Stadtrat die Aufführung mit einer gewichtigen Subvention unterstützte. So wurde die Inszenierung im Grand Parc unter der Mitarbeit von fast zweihundert Sängern, Tänzern und Spielern zu einer Feier des unverstellten Landlebens, zu einem «Hymnus an die Natur», wie der Titel des Schlußchorals lautete.

Open-air theatre during the summer months had always enjoyed a long tradition in Yverdon. Early performances can be traced to as far back as the *ancien régime,* and since the turn of the century these dramatic events had developed into festivals in their own right. For 1922 a particularly ambitious undertaking was being planned. The idea had come from Jean Mignot, the director of the local music school. He had adapted Alphonse Daudet's **L'Arlésienne** quite mercilessly by interspersing scenes from **Lettres de mon Moulin** and adding to the dramatic flow with bucolic songs and some dances. A shortened version of Bizet's **L'Arlésienne** suite served as an overture. Mignot, who directed the show himself, could draw on considerable resources, because the city council had subsidized the enterprise with a generous grant. The production in the Grand Parc, with a cast of almost two hundred, grew into a celebration of country life, a "hymn to nature", as the title of the final chorale indicates.

13 Das patriotische Festspiel ist schon aus der Frühzeit der Eidgenossenschaft bezeugt. Seine Blüte erlebte es im 19. Jahrhundert, als sich die Schweiz vom losen Staatenbund zum strafferen Bundesstaat entwickelte. Bei diesem schwierigen Prozeß der Umformung sollte das Theater durch eine Besinnung auf die großen Wendepunkte der Schweizer Geschichte mithelfen. Für das Jahr 1911 verfaßte Carl Friedrich Wiegand (1877–1952) ein breitangelegtes Spektakel zur Erinnerung an die Schlacht von Marignano. Unter offenem Himmel, in die Landschaft eingebettet, mit einem Heer von Bannern, in festlichen Aufzügen und mit vielstimmigem Chorgesang vollzog sich im dramatischen Spiel ein Kapitel gemeinsamer Geschichte. Das Plakat von Ernst Würtenberger zeigt einen Landsknecht in innerschweizer Uniform. In Farbigkeit, Haltung und Ausdruck ist dieser Landsknecht deutlich von den frühen Soldatenbildern Ferdinand Hodlers geprägt.

The patriotic *Festspiel* reaches back to the early years of the Confederation. It particularly flourished during the 19th century when Switzerland developed from a free assembly of cantons to a more tightly structured federal unit. The theatre was expected to contribute to this slow and difficult process of transformation by dramatically reflecting upon decisive chapters of the country's past. For the year 1911 Carl Friedrich Wiegand (1877–1952) had written a vast, panoramic spectacle commemorating the battle of Marignano. Under the open sky, as an integral part of the landscape, with a multitude of banners, in festive processions and with choral singing from a hundred voices, a commonly shared chapter from one's very own history was reenacted. Ernst Würtenberger's poster shows a mercenary in the uniform of central Switzerland. In colouring, pose and expression this mercenary is distinctly influenced by Ferdinand Hodler's early paintings of soldiers.

14 Das Schultheater hatte in der Schweiz eine lange Tradition. Besonders seit dem späten 19. Jahrhundert verpflichtete das bürgerliche Bildungsideal zur immer erneuten Beschäftigung mit dem Drama der Klassik. Kein Stück erwies sich dabei erfolgreicher als Schillers **Wilhelm Tell.** Gerade in Zeiten nationaler Bedrohung, wie etwa während des Zweiten Weltkrieges, wurde das Stück zum festen Bestandteil vieler Jugendbühnen. Im vorliegenden Fall aber erfüllte der **Tell** über jede patriotische oder pädagogische Erbauung hinaus eine ganz handfeste Absicht: der Erlös sollte den Reisefonds der St. Galler Kantonsschule aufstocken. Das Plakat des Zeichenlehrers Walter Roshardt hebt sich von anderen **Tell**-Plakaten deutlich ab. Anstatt den Titelhelden in weicher, sentimentaler Verklärung zu feiern, erscheint dieser Tell kraftvoll, ursprünglich und stark. Der Zorn und die Leidenschaft der Figur, wie sie Schiller gezeichnet hatte, wurden hier zum zwingenden Bild.

Various forms of school-theatre had existed in Switzerland for a long time. Particularly during the later 19th century the cultural aspirations of the middle-class had fostered a systematic study of the plays from the classical heritage. In this context no other play proved more successful than Schiller's **Wilhelm Tell.** In times of national emergency, as during the Second World War, the play quite naturally became a fixed part in the repertory of school-theatres. In this case, however, the **Tell** play had to fulfill, beyond any patriotic or pedagogical intentions, a very mundane function: proceeds were meant to provide travel grants to senior students of the high school of St. Gall. The poster was designed by the art teacher Walter Roshardt and is quite distinct from the common renderings of **Tell.** Instead of presenting the title figure in soft, sentimental terms, this Tell appears as strong, manly and self-assured. The rage and the passion of the hero, as Schiller had conceived him, are here convincingly caught.

15 Marya Delvard (1874–1965) hatte in Berlin Musik studiert mit der Absicht, Pianistin zu werden. Doch schon im ersten Lehrjahr besuchte sie ein Konzert der französischen Diseuse Yvette Guilbert und war so verzaubert, daß sie von nun an das Kabarett zu ihrem Lebensziel machte. Nach der Arbeit in verschiedenen kleineren Gruppen trat sie vier Spielzeiten lang mit den schon legendären «Elf Scharfrichtern» auf. 1909 verbündete sie sich mit Marc Henry (1865–1915), der durch Auftritte im Pariser «Lapin Agile» bekannt geworden war. Zusammen gingen sie über Jahre auf beispiellos erfolgreiche Tourneen, die sie durch Europa über beide amerikanische Kontinente bis nach Australien führten. Während Marc Henry am Klavier begleitete, sang Marya Delvard in ihrer frech-herausfordernden Art Lieder von Frank Wedekind, Otto Julius Bierbaum und Karl Kraus. Der Zürcher Fritz Boscovits schuf das Plakat für die Schweizer Tournee von 1911. Es zeigt die Künstlerin in dem für sie typischen langen, schwarzen Kleid mit der roten Schärpe.

Marya Delvard (1874–1965) had studied music in Berlin and had planned a career as a pianist. When she attended a concert by the French *diseuse* Yvette Guilbert, however, she quite suddenly redirected her course, and devoted all of her energies to the cabaret. After working in a variety of smaller troupes, she joined the legendary "Elf Scharfrichter" for almost four years. In 1909 she teamed up with Marc Henry (1865–1915), who had gained a considerable reputation at the "Lapin Agile" in Paris. Together they went on phenomenally successful tours that led them through all of Europe, on to both American continents and as far as Australia. While Marc Henry accompanied her at the piano, Marya Delvard sang in her typically insolent manner songs by Frank Wedekind, Otto Julius Bierbaum and Karl Kraus. Fritz Boscovits from Zurich created the poster for the Swiss tour of 1911. It shows the artist in the long, black dress and the red scarf that had become her trademark.

16 Mary Wigman (1886–1973) hatte sich schon früh für den Tanz entschieden. Noch vor dem Schulabschluß ging sie bei den großen Reformern Emil Jaques-Dalcroze und Rudolf Laban in die Lehre. Sie schloß sich dann verschiedenen Tanzgruppen an, blieb aber unzufrieden und rastlos, bis sie 1917 die ihr einzig gemäße Form, den Solotanz, gefunden hatte. Gleich ihr erster Auftritt in Berlin offenbarte das grundlegend Neue ihrer Kunst. Worauf sie zielte, war der «absolute Tanz», der keine Geschichte erzählte, sondern durch eine Entfesselung des Körpers zur reinen Bewegung fand. «Weit und wild» wollte sie sein, um die Urkraft aller Bewegung freizulegen. Mary Wigman hat während ihrer langen Laufbahn wiederholt in der Schweiz gastiert und mit ihrer kühnen Tanzform eine Generation von jüngeren Choreographen mitgeprägt. Das Plakat von Laurent F. Keller wurde für die Schweizer Tournee von 1919 geschaffen.

Mary Wigman (1886–1973) had decided to become a dancer at an early age. Before completing highschool, she was already being taught by the two guiding figures of the reform movement, Emil Jaques-Dalcroze and Rudolf Laban. Her first professional work with a variety of companies left her unsatisfied and restless; only in 1917 did she find the one form suited to her temperament, the solo dance. Right from her first performance she demonstrated the radically new element of her art. What she strived for was "absolute dance", which did not tell a story, but which could discover pure movement by liberating the body. She wanted to be "wide and wild" in order to rediscover the source of all movement. In her long career Mary Wigman repeatedly toured Switzerland, and shaped the aesthetics of an entire generation of young choreographers. The poster by Laurent F. Keller was designed for the Swiss tour of 1919.

17 Das Zürcher Gastspiel des Deutschen Theaters am 25. und 26. September 1911 mit dem **Oedipus** wurde für Max Reinhardt und seine Spielerschar zu einem beispiellosen Triumph. Während die Zuschauer die Gäste mit einer vierzigminütigen Ovation belohnten, versuchten die Rezensenten, dem mitreißenden Zauber dieser Aufführung durch das Wort beizukommen. Einer Stärke von Max Reinhardts Regie galt dabei ihr besonderes Lob. Wie kein anderer hatte er es verstanden, den gewaltigen Stoff musikalisch zu durchformen. Von Augenblicken voller Stille konnten sich die Kräfte in genau orchestrierten, gefährlichen Crescendi entladen. Jede Szene, jeder Satz, jedes Wort war dabei plastisch durchgestaltet, belebt und voll sinnlichen Ausdrucks. Es war ein Theater der großen, ungeahnten Leidenschaften: der wilde Kern der Fabel war kühn und schonungslos freigelegt. Für das Zürcher Gastspiel schuf der Bühnenbildner Ernst Stern eigens ein Plakat, das wegen seiner Eindringlichkeit über fast ein Jahrzehnt lang beibehalten wurde.

The visit of the *Deutsches Theater* in Zurich on the 25th and 26th of September 1911 turned into an unparalleled triumph for Max Reinhardt and his cast. The audience rewarded this **Oedipus** with an ovation that lasted forty minutes, and the critics tried to capture the stupendous magic of this production in unusually lengthy reviews. One strength of Max Reinhardt's talent above all caught their imagination. It seemed to them that no other director could have shaped the massive material in such musical terms as Reinhardt. From moments of complete stillness the dramatic powers could grow in carefully orchestrated, dangerous crescendoes to shattering explosions. Every scene, every sentence, every word was fully animated and active with life. It was a theatre of grand, unknown passions: the play's wild center had been laid bare with boldness and force. For the tour to Zurich the scene-designer Ernst Stern produced a poster that Reinhardt felt very close to, and that he therefore kept in use for almost a decade.

18 Sechs Jahre nach dem triumphalen **Oedipus** war das Deutsche Theater wieder zu Gast in Zürich. Aber die Umstände hatten sich grundlegend gewandelt. Der Krieg wütete ohne Erbarmen, und ein Ende schien nirgends in Sicht. Für alle, Spieler wie Zuschauer, gewann die **Oresteia** damit einen fürchterlichen Bezug. Max Reinhardt hatte zudem den ganzen dritten Teil, die Lösung und Erlösung, gestrichen; der Abend endete mit dem Davonrasen des von Furien gepeitschten Orest: erzählte und erlebte Geschichte wurden hier schmerzhaft eins. Dieser politischen Deutung des Stückes kam Max Reinhardts nachtwandlerische Sicherheit in der Führung von Massen entgegen. Der Chor von dreihundertzehn Spielern konnte sich still, fast unmerklich in einzelne Sprecher auflösen und sich dann unvermittelt, blitzartig wieder zur alles bedrohenden Masse zusammenballen. Die gefährliche Schubkraft jedes Massenwahns wurde hier theatralisches Gleichnis. Otto Baumbergers Plakat fängt das Entsetzen über das endlose, sinnlose Morden meisterhaft ein.

Six years after the triumphant **Oedipus,** the *Deutsches Theater* was back for another visit in Zurich. But the circumstances had dramatically changed. The war was raging without pity and an end seemed nowhere in sight. For both players and audience, the **Oresteia** thus took on a terrible immediacy. Moreover Max Reinhardt had cut the entire third part, the resolution and solution, so that the evening ended with Orestes storming away, whipped to madness by the furies: narrated and experienced history here painfully had become one. This political reading of the play was intensified by Max Reinhardt's superb handling of the masses. The chorus of over three hundred players could silently, almost imperceptibly, split up into individual speakers, and then suddenly regather into one group again with the speed of lightning. The deadly dynamics of any mass movement were here caught in a potent theatrical image. Otto Baumberger's poster masterfully captures the agony over the endless, senseless series of murders.

19 Der Rang von Felix Weingartner (1863–1942) als einem der maßgebenden Dirigenten dieses Jahrhunderts ist heute unbestritten; besonders seine Interpretation Mozarts ist wegweisend geblieben. Als Komponist hingegen ist Weingartner heute fast ganz vergessen, obwohl gerade das symphonische Werk zu seinen Lebzeiten in allen großen Konzertsälen gespielt wurde. Von den Opern erreichte **Kain und Abel** die höchste Aufführungszahl. Weingartner selber hatte sich mit theatersicherem Sinn ein Libretto geschaffen, das knapp, gedrängt und äußerst bühnenwirksam war. Musikalisch ließ sich in dieser einaktigen Kammeroper die Nähe zu Richard Wagner nicht verkennen. Um neben Text und Musik auch vom Szenischen her die Aufführung zu prägen, behielt sich Weingartner für das Schweizer Gastspiel die Regie selber vor. Die dramatische Spannkraft der Mordszene wurde dabei von den Rezensenten besonders bewundert. Otto Baumbergers Plakat hält diesen Moment unvergleichlich fest.

The reputation of Felix Weingartner (1863–1942) as one of the notable conductors of this century is undisputed today; particularly his reading of Mozart remains unparalleled. As a composer, however, Weingartner is virtually forgotten, although his symphonic works were very successful in their day. Amongst his operas **Kain und Abel** was the most popular. Weingartner himself had written a libretto that was tightly knit and that showed a keen sense for the theatrically effective. Musically, this one-act chamber opera could not deny its debt to Richard Wagner. In order to secure fullest control, even beyond text and music, Weingartner directed the opera himself. Reviewers particularly lauded the dramatic power of the murder scene. Otto Baumberger's poster forcefully captures this moment.

20 Kaum ein Gastspiel hat die Schweizer während des Krieges so beeindruckt und getroffen wie die **Medea** vom Frühjahr 1917. Das hatte zwei Gründe. Zunächst konnte keinem der politische Zündstoff der Fabel entgehen. Die blind einschlagende Zerstörungswut; die reuelose Rache; die Verhöhnung von Maß und Vernunft: im dramatischen Zerrbild sah der Zuschauer hier die Triebkräfte seiner Zeit gespiegelt. Diese Erschütterung traf so tief, weil als Titelfigur eine Künstlerin von fast unheimlicher Kraft am Werk war. Die Medea war die Lebensrolle der Hedwig Bleibtreu (1868–1958). Die Größe ihrer Darstellung lag im Mut, mit der sie die barbarischen Energien im Kern der Rolle bloßlegte. Ohne Beschönigung, ohne jede Pose schienen hier alle dämonischen Geister entfesselt. Die Wildheit und den Schrecken dieser friedlosen Medea fängt Otto Baumbergers Plakat meisterhaft ein.

Few productions have affected Swiss audiences more powerfully during the war than **Medea** in the spring of 1917. There were two reasons for this. First, no one could miss the play's political implications. The blind urge for destruction; the remorseless passion for revenge; the fiery rejection of any measure and restraint: in the mirror of drama every audience member could see here the destructive energies of the times at work. The play's terror struck so deeply because the title role was performed by an actress of towering force. To Hedwig Bleibtreu (1868–1958) Medea had become the role of her career. With unbridled courage she proceeded to expose the barbaric energies right at the role's centre. Without softening any of the character's profile and without falling into any rhetorical posturing, Bleibtreu unleashed the demonic spirits of Medea. The wildness and terror of this restless woman were uniquely captured in Otto Baumberger's poster.

21 Kaum ein Klangkörper genoß zu Beginn des Jahrhunderts unter Musikern eine solche Achtung wie das Gewandhaus-Orchester aus Leipzig. Ein schweres, seltenes Ideal schien hier verwirklicht: jeder einzelne Spieler war ein Solist von unverkennbarer Eigenart, und doch blieb der volle, einheitliche Klang im Dienste des Werkes höchstes Gebot. Deshalb kehrten große Dirigenten immer wieder zum Gewandhaus zurück. Arthur Nikisch (1855–1922) hatte als junger Violinist noch unter Richard Wagner gespielt; jetzt, als gefeierter Dirigent, diente er seinem Idol mit besonderem Einsatz. Für das Zürcher Gastspiel von 1917 wählte er **Tristan und Isolde** und **Die Walküre.** In Helene Wildbrunn (Isolde) und Heinrich Knote (Siegmund) standen ihm die führenden Vertreter dieser Rollen zur Verfügung. An Nikisch bewunderte die Zürcher Kritik das Ruhevolle, die Strenge, besonders aber jenes klar gliedernde Maß, das Wagners komplexe Partitur wie durchsichtig erscheinen ließ.

In the early years of the century hardly any orchestra enjoyed as splendid a reputation amongst musicians as did the Gewandhaus from Leipzig. A difficult and rare ideal here seemed fulfilled: every single player was a soloist of unmistakable character, and yet all collectively strived for one unified sound in the spirit of the work performed. This exquisite craftsmanship had great conductors return to the Gewandhaus with regular frequency. Arthur Nikisch (1855–1922) had played the violin under Richard Wagner; now, a celebrated conductor himself, he could serve his former master. For his visit to Zurich in 1917 he had chosen **Tristan und Isolde** and **Die Walküre.** With Helene Wildbrunn (Isolde) and Heinrich Knote (Siegmund) the two leading representatives of these roles were at his command. Reviewers particularly praised the quiet strength of Nikisch's interpretation, but above all the lucidity and clear measure which made Wagner's complex score seem as if translucent.

22 Das *Grand Café de la Paix* war in einem doppelten Bezug mit dem Theater verbunden. Zunächst diente es als der traditionelle Sammelplatz für Schauspieler, Sänger und Musiker. Hier traf man sich in den Probenpausen, hier feierte man nach der Premiere. Seitdem 1911 der theaterfreudige Wiener Josef Schmölz Pächter des *de la Paix* geworden war, hatte sich das alte Weinlokal zu einem literarischen Kaffeehaus gewandelt. Auf einem hölzernen Podest, einer eigentlichen Kleinbühne gleich, wurden szenische Monologe, knappe Kabarett-Szenen und Chansons dargeboten. Schmölz förderte zunächst junge, unbekannte Talente der Stadt; doch schon bald fand das *de la Paix* einen solchen Zulauf, daß er größere Namen wie Frank Wedekind, Aristide Bruant und die Mistinguett berufen konnte. Otto Baumbergers Plakat empfiehlt das *Orchester Olah,* ein ungarisches Ensemble, das sich mit Czardas-Melodien einen europäischen Ruf erworben hatte.

The *Grand Café de la Paix* had a twofold connection to the world of the stage. First, it served as the traditional meeting place for actors, singers and musicians. Here one could gather between rehearsals, and here one celebrated after opening nights. Since Josef Schmölz from Vienna had taken over the *de la Paix* in 1911, the old wine tavern had gradually changed to become a literary cafe. On a wooden scaffold, a miniature stage really, scenic monologues, short cabaret scenes and chansons were performed. Schmölz initially relied on young, unknown local talent; but the shows at the *de la Paix* soon proved so successful that he could attract names as well-known as Frank Wedekind, Aristide Bruant, and Mistinguett. Otto Baumberger's poster advertises the *Orchester Olah,* a Hungarian ensemble, which had gained a European reputation with its Czardas melodies.

23 Die Maskenbälle im Zürcher *Corso* blicken auf eine alte Tradition zurück. Aus den Künstlerfesten der Spätromantik hervorgegangen, waren sie seit 1849 zu einem alljährlichen Anlaß geworden. Schon früh bildeten Theaterleute dabei die treibende Kraft. Sie waren für die szenische Gestaltung aller Räume verantwortlich. Bühnenbildner, Requisiteure, Beleuchter, ja der ganze technische Stab verwandelte jeweils den nüchternen Bau in ein verzaubertes Labyrinth: inmitten Blauer Grotten, unter den schweren Baumkronen eines Waldes oder durch die engen Gassen Venedigs tummelte sich die kostümierte Schar. Für 1914, das Jahr der großen Zürcher Theater-Ausstellung, hatte man sich die Welt der Bühne als Leitthema gewählt. Masken aus verschiedensten Kulturkreisen hingen in vergrößerter Nachbildung an den Wänden, wobei der reichen Tradition der *commedia dell'arte* ganz besondere Sorgfalt zukam. Paul Scheurichs Plakat zeigt denn auch einen melancholischen Pulcinella aus der neapolitanischen Familie.

The fancy-dress balls at the *Corso* in Zurich could look back on a rich history. Originating from the Feast of Artists in the late romantic period, they had become an annual event by 1849. From early on theatre people had traditionally been the driving force behind them. They were responsible for the theatrical design of the entire locality. Scene-painters, prop-makers, lighting experts, the entire technical crew would set out to transform the sober building into a magic labyrinth: here the masked revellers could dance under the dome of a blue grotto, amidst the heavy trees of an enchanted forest or along the narrow pathways of Venice. For 1914, the year of the international theatre exhibition, the world of the stage had been chosen as the guiding motto. Oversized replicas of masks from various civilisations were suspended from the walls, while a particular tribute was paid to the *commedia dell'arte*. Paul Scheurich's poster shows a melancholic Pulcinella from the Neapolitan family.

24 Kushii Hanako (1872–1938) stammte aus einer alten Schauspielerfamilie. Von ihrem Großvater wurde sie als Sängerin alter Balladen ausgebildet, während ihre Mutter sie in der Kunst des *samisen* unterwies. Über den Tanz fand sie noch als junges Mädchen zum traditionellen *Noh*-Drama. Mit siebzehn spielte sie zum ersten Mal in **Otake,** der Geschichte einer verratenen Liebe. Es sollte ihre Lebensrolle werden: fast ein halbes Jahrhundert lang hat sie ohne sichtbare Abweichungen die schöne Otake gespielt und Generationen ihrer Landsleute gerührt. 1909 hatte der Zürcher Seidenfabrikant Carl von Büren auf einer Japanreise die Hanako spielen sehen und sich gleich entschlossen, die Künstlerin den Europäern vorzustellen. Von 1911 an bereiste sie alljährlich die großen Städte des Kontinents und verzauberte die Zuschauer mit ihrer fremden Kunst. Für das Schweizer Gastspiel von 1925 schuf der Szenenbildner Paul Leni ein Plakat, das die satte Farbigkeit des japanischen Theaterkostüms betont.

Kushii Hanako (1872–1938) was born into an old theatre family. Her grandfather instructed her in the art of singing old ballads, while her mother taught her to play the *samisen.* The study of dance led her at an early age to the traditions of *Noh* drama. At seventeen she gave her debut in **Otake,** a story of betrayed love. It was to become the role of her life: for almost half a century she continued to play the beautiful Otake without any visible variations, moving generations of her countrymen. In 1909 the silk merchant Carl von Büren from Zurich saw Hanako perform while he was travelling through Japan; he was so charmed by her art that he decided to present **Otake** to the European audience. From 1911 on Hanako toured the big cities of Europe every spring. For her visit to Switzerland in 1925 the scene designer Paul Leni produced a poster that captures the rich colouring of the Japanese theatre costume.

25 Die Galerie dieses Bandes endet mit einem Plakat, das nur auf Umwegen mit dem Theater in Bezug steht. Wie so viele junge Schweizer hatte auch der Genfer Maurice Barraud eine Lehrzeit in Paris verbracht. Dort sah er 1914 zum ersten Mal die Amerikanerin Isadora Duncan und war von ihrer Kunst wie verzaubert. Mit immer wieder neuen Skizzen, in Bleistift und Tusche, Kohle und Aquarell, hat er versucht, die Dynamik des Tanzes in die Statik der Zeichnung zu bannen. Die freie, fließende Bewegung, die scheinbare Absenz aller Schwerkraft, das aus dem Rhythmus geborene Leben: seit jener ersten Begegnung mit Isadora Duncan gelang es Barraud immer wieder und immer besser, die Kunst dieser großen Tänzerin im Bild zu fangen. Die Tanzfiguren gehören so zu Barrauds bester Arbeit; er hat sie für sich gesammelt und nur selten und ungern verkauft. Zur Gedächtnisausstellung seines Malerkollegen Maurice Baud wählte er ein besonders schönes Beispiel dieser Sammlung: «I. D.: die Muse im Tanz».

The gallery of images in this book ends with a poster that relates to the world of the theatre in an indirect way. Like so many other young Swiss artists, Maurice Barraud from Geneva had spent time studying in Paris. It was there that he had seen Isadora Duncan perform in 1914, and had been completely enraptured by her art. With ever new sketches, in pencil and Chinese ink, in charcoal and water-colour, he had subsequently tried to capture the dynamics of her dancing. The free, flowing movement, the seeming absence of all gravity, the spark of life born from rhythm: since that first encounter with Isadora Duncan, Barraud succeeded with ever growing skill to pay tribute to the dancer he admired so much. His dancing figures belong to the best part of his work; he collected them for himself and only rarely sold one or the other. For the retrospective by his friend Maurice Baud he designed a poster based on one of the most exquisite samples from his collection: "I. D.: the muse in dance".

Technische Daten
Technical Data

Schlüssel/Key

A Gestalter/Designer
B Titel/Title
C Datum/Date
D Drucker/Printer
E Format/Size (in cm.)

1 A Carl Roesch (1884–1979)
B **Theaterkunst Ausstellung**
C 1914
D Fretz AG, Zürich
E 83 × 126

2 A Edmund Edel (1863–1934)
B **Frühlingserwachen**
C 1900; rev. 1903
D Hollerbaum & Schmid, Berlin
E 71 × 95

3 A Willy F. Burger (1882–1964)
B **Prinz Goldhaar und die Gänsehirtin**
C 1909
D J. C. Müller, Zürich
E 45 × 64,5

4 A Ernst Linck (1874–1935)
B **Berner Stadttheater**
C 1911
D Kümmerly & Frey, Bern
E 74 × 102,5

5 A Burkhard Mangold (1873–1950)
B **Die wilden Schwäne**
C 1916
D Wassermann AG, Basel
E 80 × 110

6 A Ernst Georg Rüegg (1883–1948)
B **Parsifal**
C 1913
D J. C. Müller, Zürich
E 71 × 101

7 A Emil Cardinaux (1877–1936)
B **Also sprach Zarathustra/Ein Heldenleben**
C 1912
D Kümmerly & Frey, Bern
E 69 × 106

8 A Emil Cardinaux (1877–1936)
B **Don Juan/Zauberflöte**
C 1917
D J. E. Wolfensberger AG, Zürich
E 90 × 127

9 A Emil Cardinaux (1877–1936)
B **Palestrina**
C 1917
D J. E. Wolfensberger AG, Zürich
E 90 × 127

10 A Jean Morax (1869–1939)
B **Aliénor**
C 1910
D J. Magnenat, Lausanne
E 76 × 100

11 A Jean Morax (1869–1939)
B **Le Roi David**
C 1921
D Lithos SA, Lausanne
E 69 × 99

12 A Marie Jaccard (1882–1949)
B **L'Arlésienne**
C 1922
D Simplon SA, Lausanne
E 58,5 × 84,5

13 A Ernst Würtenberger (1868–1934)
B **Marignano**
C 1911
D Polygraphisches Institut, Zürich
E 61 × 102

14 A Walter Roshardt (1881–1947)
B **Wilhelm Tell**
C 1919
D Huber AG, St. Gallen
E 70 × 109

15 A Fritz Boscovits (1871–1965)
B **Marya Delvard/Marc Henry**
C 1911
D J. E. Wolfensberger AG, Zürich
E 68 × 98

16 A Laurent F. Keller (1885–1968)
B **Mary Wigman**
C 1919
D J. E. Wolfensberger AG, Zürich
E 90,5 × 128

17 A Ernst Stern (1876–1954)
B **König Oedipus**
C 1911
D Arnold Weylandt, Berlin
E 92 × 140

18 A Otto Baumberger (1889–1961)
B **Oresteia**
C 1917
D J. E. Wolfensberger AG, Zürich
E 90,5 × 128

19 A Otto Baumberger (1889–1961)
B **Kain und Abel/Die Biene**
C 1917
D J. E. Wolfensberger AG, Zürich
E 90,5 × 128

20 A Otto Baumberger (1889–1961)
B **Medea**
C 1917
D J. E. Wolfensberger AG, Zürich
E 90 × 127

21 A Otto Baumberger (1889–1961)
B **Arthur Nikisch**
C 1917
D J. E. Wolfensberger AG, Zürich
E 90 × 127,5

22 A Otto Baumberger (1889–1961)
B **Orchester Olah**
C 1915
D J. E. Wolfensberger AG, Zürich
E 90 × 127

23 A Paul Scheurich (1883–1945)
B **Maskenball**
C 1914
D J. C. Müller AG, Zürich
E 84,5 × 120

24 A Paul Leni (1885–1929)
B **Otake**
C 1914; rev. 1925
D Arnold Weylandt, Berlin
E 71 × 95

25 A Maurice Barraud (1889–1954)
B **Exposition Retrospective**
C 1916
D Sonor SA, Genf
E 72,5 × 108

Alle hier angeführten Plakate entstammen der Plakatsammlung des Kunstgewerbemuseums Zürich.

All posters listed above are part of the Poster Collection at the Kunstgewerbemuseum in Zurich.

Dank

All jenen, die durch Rat und Beistand zum Gelingen dieses Buches beigetragen haben, sei hier von Herzen gedankt. Ein besonderer Dank gebührt den Mitarbeitern des Kunstgewerbemuseums in Zürich für ihre sachkundige Hilfe und stete Ermunterung.

Acknowledgements

My thanks to all those who have helped to develop this book over the last two years. Special thanks go to the curators of the Kunstgewerbemuseum in Zurich for their expert advice and active encouragement.

Professor Peter Loeffler lehrt Theatergeschichte an der Universität von Britisch Kolumbien in Vancouver/Kanada.

Professor Peter Loeffler teaches Theatre History at the University of British Columbia in Vancouver/Canada.

Theatergeschichte im Birkhäuser Verlag

Peter Loeffler
Ein Zürcher Faust
Caspar Nehers Kostümentwürfe
zum FAUST II von 1949
120 Seiten, 25 Abbildungen
ISBN 3-7643-1873-2

Die Aufführung von Goethes FAUST II im Juni 1949 am Schauspielhaus Zürich bildet einen wichtigen Wegpunkt des modernen Schweizer Theaters. Hier verbanden sich führende Künstler der deutschsprachigen Bühne zu gemeinsamer Arbeit, um dem ‹unspielbaren Spiel› szenische Gestalt zu geben. Einer der wichtigsten Pfeiler dieser künstlerischen Großtat war Caspar Neher. Seine Kostümentwürfe, die hier zum ersten Mal veröffentlicht werden, gehören zu den schönsten Zeugnissen dieser Jubiläumsaufführung.